国家级实验教学示范中心联席会
计算机学科组规划教材

算法设计与分析

田小霞 主 编
杨圣云 陈炫锐 邱维阳 副主编

清华大学出版社
北京

内 容 简 介

本书着重讨论算法的设计思想、分析方法和实际应用，涵盖了从基础概念到高级技巧的全面内容。

全书共分为7章。第1章为算法基础，包括算法与程序、算法复杂度分析、算法复杂度的渐进性态及非递归算法复杂度分析等。第2章为递归与分治，着重讨论了递归的复杂度分析，分治法的思想、适用条件及应用实例。第3章为贪心算法，着重讨论了贪心算法的思想及应用实例。第4章为回溯算法，着重讨论了回溯算法的思想及应用实例。第5章为分支限界算法，着重讨论了分支限界算法的思想及应用实例。第6章为动态规划算法，着重讨论了动态规划算法的思想及应用实例。第7章为智能算法，着重介绍了粒子群优化算法、模拟退火算法、禁忌搜索算法。全书提供了大量应用实例及源代码，帮助读者提高算法设计与分析的实践能力。

本书适合作为高等学校计算机及相关专业本科生和研究生的教材，也可供算法竞赛的爱好者、广大科技工作者和研究人员参考学习。

版权所有，侵权必究。举报：010-62782989，beiqinquan@tup.tsinghua.edu.cn。

图书在版编目（CIP）数据

算法设计与分析 / 田小霞主编. -- 北京：清华大学出版社，2024.8. -- （国家级实验教学示范中心联席会计算机学科组规划教材）. -- ISBN 978-7-302-67111-4

Ⅰ．TP301.6

中国国家版本馆CIP数据核字第2024J7G864号

责任编辑：安 妮 李 燕
封面设计：刘 键
责任校对：郝美丽
责任印制：刘海龙

出版发行：清华大学出版社
网　　址：https://www.tup.com.cn, https://www.wqxuetang.com
地　　址：北京清华大学学研大厦A座　　邮　编：100084
社 总 机：010-83470000　　邮　购：010-62786544
投稿与读者服务：010-62776969, c-service@tup.tsinghua.edu.cn
质量反馈：010-62772015, zhiliang@tup.tsinghua.edu.cn
课件下载：https://www.tup.com.cn, 010-83470236

印 装 者：三河市春园印刷有限公司
经　　销：全国新华书店
开　　本：185mm×260mm　　印　张：9.5　　字　数：233千字
版　　次：2024年8月第1版　　印　次：2024年8月第1次印刷
印　　数：1～1500
定　　价：49.00元

产品编号：105246-01

前言

在人工智能时代，AI+被应用于各个领域以解决不同的实际问题。这其中最重要的是分析问题的性质并选择最优的求解思路，即找到一个好的算法。算法的设计和分析成为处理这些实际问题的关键。

目前市场上的大多数算法教材重点关注实际问题的数学特点描述以及算法求解方法的理论分析。初学者往往难以掌握，算法学习的枯燥也打击其信心。本书在汲取其他算法教材优点的基础上，具有以下特点。

（1）提升实践能力。本书选择了一些贴近实际生活、具有实际应用价值的习题和案例。例如，第3章引入了活动选择和任务调度等实际问题；第4章的旅行商问题展示了算法在物流和旅游等领域的应用。这样的设计可帮助读者更好地理解算法的实际意义和价值，引导他们将理论知识与实际问题相结合，培养其解决实际问题的能力。

（2）培养创新思维。本书引入一些相对前沿且具有挑战性的竞赛试题，鼓励读者从不同角度思考问题，深入分析其本质，并寻找创新的解决方案。读者在学习算法的过程中，逐渐养成独立思考、提出问题、实现想法的能力。这种训练有助于培养读者创新意识，激发他们探索未知领域的勇气，从而在各个领域展现出更加积极和独特的创造力。

（3）贯彻思政育人。本书侧重于引导读者树立正确的世界观、人生观和价值观。书中融入的案例和实例常涉及伦理道德、社会责任等议题，引导读者思考技术应用背后的道德和社会影响。同时，在算法设计与实现过程中，强调合作交流，培养团队合作精神、责任意识和家国情怀。例如，讨论算法之美和算法之恶，引导读者思考算法设计和使用的合理边界，强调算法设计者和使用者的社会责任。

本书为高等学校的计算机及相关专业本科生和研究生以及对算法领域深入研究有兴趣的读者提供通向算法世界的畅通之路。通过本书，读者将学习到各种经典的算法设计策略，如贪心算法、动态规划算法和分治法，并掌握如何评估算法的效率。读者不仅能理解算法的工作原理，还能自信地应用它们解决真实世界的问题。编者衷心希望读者通过不断的学习和实践，最后成为算法领域的佼佼者。

本书由韩山师范学院"算法设计与分析"虚拟教研室成员协同完成。全书共7章。第1章和第2章由田小霞编写,第3章和第7章由陈炫锐编写,第4章和第5章由杨圣云编写,第6章由邱维阳编写。田小霞担任主编,完成全书的修改及统稿工作。

陈银冬教授在百忙之中审阅了初稿,并对本书提出了宝贵意见;在书稿例题和课后习题的调试过程中,陆泓宇带领算法小队的同学们做了大量工作;本书的编写得到韩山师范学院教务部的大力支持,在此一并致谢。

由于编者水平有限,书中不当之处在所难免,欢迎广大同行和读者批评指正。

编 者
2024 年 6 月

目 录

第1章 算法基础 ·· 1
  1.1 算法与程序 ·· 2
  1.2 算法复杂度分析 ·· 2
  1.3 算法复杂度的渐进性态 ·· 3
  1.4 O、Ω、θ ·· 3
  1.5 数学基础 ··· 4
  1.6 非递归算法复杂度分析 ·· 4
  1.7 小结 ··· 6
  习题 ·· 7

第2章 递归与分治 ·· 8
  2.1 递归的概念 ·· 9
  2.2 分治法 ·· 10
    2.2.1 分治法的思想 ··· 11
    2.2.2 分治法的适用条件 ·· 11
    2.2.3 分治法的基本框架 ·· 11
    2.2.4 分治法的复杂度分析 ··· 12
  2.3 分治法的应用 ··· 12
    2.3.1 一维数组的二分查找 ··· 12
    2.3.2 二维数组查找 ··· 13
    2.3.3 合并排序 ··· 15
    2.3.4 逆序对 ·· 17
    2.3.5 快速排序 ··· 19
    2.3.6 k 选择问题 ·· 22
    2.3.7 棋盘覆盖 ··· 23
    2.3.8 快速幂 ·· 25
    2.3.9 大整数乘法和 Strassen 矩阵乘法 ···································· 28
    2.3.10 快速傅里叶变换 ··· 31

2.4 小结 35
习题 35

第3章 贪心算法 38

3.1 贪心算法的思想 39
3.2 贪心算法的要素 40
    3.2.1 贪心选择性质 40
    3.2.2 最优子结构性质 40
3.3 活动选择问题 41
    3.3.1 问题概述 41
    3.3.2 算法步骤 41
    3.3.3 案例讲解 41
3.4 任务调度问题 45
    3.4.1 问题概述 45
    3.4.2 算法步骤 45
    3.4.3 案例讲解 45
3.5 最小生成树问题 47
    3.5.1 问题概述 47
    3.5.2 算法步骤 48
    3.5.3 案例讲解 49
3.6 单源最短路径问题 52
    3.6.1 问题概述 52
    3.6.2 算法步骤 52
    3.6.3 案例讲解 53
3.7 哈夫曼编码问题 56
    3.7.1 问题概述 56
    3.7.2 算法步骤 56
    3.7.3 案例讲解 57
3.8 小结 59
习题 59

第4章 回溯算法 61

4.1 回溯算法的思想 62
4.2 排列问题 63
4.3 组合问题(子集问题) 67
4.4 N 皇后问题 70
4.5 0-1背包问题(回溯算法) 73
4.6 物流派送问题(旅行商问题) 75
4.7 小结 78
习题 78

第5章 分支限界算法 … 80

- 5.1 分支限界算法的思想 … 81
- 5.2 最小出边限界法 … 81
- 5.3 未访问城市最小出边之和限界法 … 84
- 5.4 广度优先搜索的未访问城市最小出边之和限界法 … 88
- 5.5 0-1背包问题（分支限界算法） … 91
- 5.6 小结 … 95
- 习题 … 95

第6章 动态规划算法 … 97

- 6.1 动态规划算法的思想 … 98
- 6.2 线性动态规划 … 98
- 6.3 背包类问题 … 108
- 6.4 记忆化搜索与区间动态规划 … 114
- 6.5 小结 … 122
- 习题 … 122

第7章 智能算法 … 124

- 7.1 智能算法的分类 … 125
- 7.2 粒子群优化算法 … 126
  - 7.2.1 算法概述 … 126
  - 7.2.2 算法步骤 … 126
  - 7.2.3 参数设置 … 127
  - 7.2.4 案例讲解 … 127
- 7.3 模拟退火算法 … 131
  - 7.3.1 算法概述 … 131
  - 7.3.2 算法步骤 … 132
  - 7.3.3 参数设置 … 132
  - 7.3.4 案例讲解 … 133
- 7.4 禁忌搜索算法 … 136
  - 7.4.1 算法概述 … 136
  - 7.4.2 算法步骤 … 137
  - 7.4.3 参数设置 … 137
  - 7.4.4 案例讲解 … 138
- 7.5 小结 … 141
- 习题 … 142

参考文献 … 143

第 1 章

算法基础

CHAPTER *1*

算法在人们的生活中扮演着重要角色。首先,算法改善了信息的获取方式,让人们能够轻松找到所需的信息和产品,通过搜索引擎和推荐系统实现这一目标。其次,算法提高了人们执行日常任务的效率。自动化流程、智能家居和无人驾驶等技术使人们的生活更加便利和高效。然而,算法也带来了一些问题,如隐私和安全问题,以及人工智能的道德考虑。因此,算法工程师需要权衡算法的优势和风险,并采取适当的措施来管理其影响。

在遇到各种待求解的问题时,人们通常会先对问题进行分析,确定求解目标和约束条件,然后制定解决步骤,并评估其求解效率。如果求解效率不满足需求,可以重新设计或修改求解步骤;如果满足需求,就可以使用程序设计语言来实现这些求解步骤,完成问题的求解。

【例 1.1】 要求计算一个班级中 45 位同学的"算法设计与分析"课程的平均分。

问题的求解目标是计算班级"算法设计与分析"课程的平均分,同时约束条件是分数必须为 0~100 分。

求解步骤如下:
(1) 输入所有同学的成绩。
(2) 判定所有成绩都满足约束条件,如果是则转步骤(3),否则返回 −1。
(3) 将 45 位同学的成绩进行累加,得到累加和。
(4) 将累加和除以 45,得到平均分。
(5) 输出平均分。

在上述求解步骤中,共进行了 45 次比较运算、45 次加法运算和 1 次除法运算。先编写这些求解步骤的程序代码,然后运行程序代码得到问题的解。

1.1 算法与程序

算法是对特定问题求解步骤的描述,由若干指令的有穷序列组成,满足以下 5 个性质。
(1) 输入:由外部提供的数据作为算法的输入。
(2) 输出:算法产生至少一个数据作为输出。
(3) 确定性:组成算法的每条指令是清晰、无歧义的。
(4) 有限性:算法中每条指令的执行次数是有限的,执行每条指令的时间也是有限的。
(5) 可行性:在计算机程序中,设计的算法在满足问题需求的同时,可以在合理的时间内得到正确的解决方案。

在计算机科学中,算法是构建软件和开发各种应用程序的基础。优秀的算法设计可以显著提高程序的效率和性能。同时,算法也是算法复杂度分析的重要对象,用于评估算法的资源消耗和效率,如图 1.1 所示。

算法是程序的灵魂,算法需要借助于程序才能由计算机系统来执行。程序是算法用某种程序设计语言的具体实

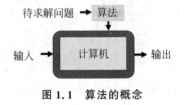

图 1.1 算法的概念

现。程序可以不满足算法的有限性。如操作系统是一个在无限循环中执行的程序,它不是算法。

1.2 算法复杂度分析

同一个问题可用多种算法来解决,不同的算法可能占用不同的计算机资源。算法的性能决定程序的执行效率。通常采用算法复杂度来衡量一个算法的性能优劣。

一个算法的复杂度就是其所需要的计算机资源,包括时间和空间。算法的时间复杂度用函数 $T(n)$ 表示,算法的空间复杂度用函数 $S(n)$ 表示。算法所需的时间与算法中的操作次数紧密相关,操作次数越多,其时间复杂度越高。算法的空间复杂度是由程序中所占用的存储空间来决定的。存储空间的数量计算简单,故算法的复杂度通常指算法的时间复杂度。

对于一个问题规模为 n（输入大小）的待解问题，实例不同，其算法运行时间可能也不同，所以有以下 3 种时间复杂度。

(1) 最坏情况下的时间复杂度，即所有实例中运行时间/次数最多。
$$T_{\max}(n) = \max\{T(I) \mid \text{size}(I) = n\}$$

(2) 最好情况下的时间复杂度，即所有实例中运行时间/次数最少。
$$T_{\min}(n) = \min\{T(I) \mid \text{size}(I) = n\}$$

(3) 平均情况下的时间复杂度，即所有实例中运行时间/次数的平均值。
$$T_{\text{avg}}(n) = \sum_{\text{size}(I)=n} p(I)T(I)$$

其中，I 是问题的规模为 n 的实例；$p(I)$ 是实例 I 出现的概率。

1.3 算法复杂度的渐进性态

对于一个算法来说，其时间复杂度为 $T(n)$，当问题规模 $n \to \infty$ 时，$T(n) \to \infty$。假设存在一个函数 $t(n)$，使得问题规模 $n \to \infty$ 时，$(T(n)-t(n))/T(n) \to 0$，$t(n)$ 为 $T(n)$ 的渐近性态，是对算法复杂度的简化。

从数学意义上讲，$t(n)$ 是 $T(n)$ 略去低阶项并保留的主项，故比 $T(n)$ 简单。例如 $T(n) = n^2 + 5n + 10$，其主项就是 $T(n)$ 的最高阶，$t(n) = n^2$。

1.4 O、Ω、θ

一个算法的性能是由其复杂度的上界 O、下界 Ω 和近似 θ 来评价的。

(1) 上界 O：对于一个算法复杂度渐进性态为 $t(n)$，存在一个函数 $g(n)$，当 n 足够大的时候，$t(n)$ 的上界由 $g(n)$ 的常数倍来确定，即：
$$t(n) \leqslant cg(n)$$
其中，c 为常数，记为 $t(n) \in O(g(n))$。

例如，一个算法的复杂度为 $T(n) = n^2 + 5n$，它的渐进性态为 $t(n) = n^2$。存在 $g(n) = n^3$，当 n 足够大时，$n^2 \leqslant n^3$，$c = 1$。故 $n^2 \in O(n^3)$。

(2) 下界 Ω：对于足够大的 n，$t(n)$ 的下界由 $g(n)$ 的常数倍来确定，即：
$$t(n) \geqslant cg(n)$$
其中，c 为常数，记为 $t(n) \in \Omega(g(n))$。

例如一个算法的复杂度为 $T(n) = n^2 + 5n$，它的渐进性态为 $t(n) = n^2$。存在 $g(n) = n$，当 n 足够大时，$n^2 \geqslant n$，$c = 1$。故 $n^2 \in \Omega(n^2)$。

(3) 近似 θ：对于足够大的 n，$t(n)$ 的上界和下界由 $g(n)$ 的常数倍来确定，即：
$$c_1 g(n) \leqslant t(n) \leqslant c_2 g(n)$$
其中，c_1 和 c_2 为常数，记为 $t(n) \in \theta(g(n))$。

例如一个算法的复杂度为 $T(n) = n^2 + 5n$，它的渐进性态为 $t(n) = n^2$。存在 $g(n) = n^2$，当 n 足够大且 $c_1 = 0.5$ 和 $c_1 = 2$ 时，$0.5n^2 \leqslant n^2 \leqslant 2n^2$。因为满足 $n^2 \in O(2n^2)$，$g(n)$ 既是

$t(n)$ 的上界;同时满足 $n^2 \in \Omega(0.5n^2)$,$g(n)$ 也是 $t(n)$ 的下界,故 $t(n)$ 与 $g(n)$ 是近似的,即 $n^2 \in \theta(n^2)$。

当算法由两个连续执行部分 $t_1(n)$ 和 $t_2(n)$ 组成时,该算法的整体效率由具有较大增长次数的那部分所决定。如果 $t_1(n) \in O(g_1(n))$ 且 $t_2(n) \in O(g_2(n))$,则:

$$t_1(n) + t_2(n) \in O(\max\{g_1(n), g_2(n)\})$$

对于 Ω 和 θ 也成立。

1.5 数学基础

对于算法分析中常用的函数和近似函数,以下是一些常见的示例。

(1) 常数函数表示一个固定的常数,如 $f(x)=5$。在算法分析中,常数函数通常表示一个操作的时间复杂度为常数级别 $O(1)$。

(2) 对数函数包括自然对数(ln)和以 2 为底的对数(log)。在算法分析中,对数函数常用于描述某些算法的时间复杂度,如二分查找算法的时间复杂度为 $O(\log n)$。

(3) 多项式函数指具有形如 $f(x) = a_0 + a_1 x + \cdots + a_{n-1} x^{n-1}$ 的函数。多项式函数在算法分析中常用于描述一类高效算法的时间复杂度,例如插入排序的时间复杂度为 $O(n^2)$。

(4) 指数函数指具有形如 $f(x) = a^x$ 的函数,其中 a 是大于 1 的常数。在算法分析中,指数函数常用于描述某些算法的复杂度增长情况,例如 Fibonacci 递归算法的时间复杂度为 $O(2^n)$。

(5) 阶乘函数表示一个正整数的阶乘,如 $f(x) = x!$。在算法分析中,阶乘函数常用于描述一些问题的复杂度增长情况,例如全排列问题的时间复杂度为 $O(n!)$。

在实际算法分析中可能会涉及等差数列求和、等比数列求和、调和级数求和等,如表 1.1 所示。可根据具体的算法来选择和应用这些常用数学方法。

表 1.1 常用数学方法

描 述	数 列	近似函数
等差数列求和	$1, 2, 3, \cdots, N$	$\dfrac{N^2}{2}$
等比数列求和	$1, 2, 4, \cdots, 2^{N-1}$	2^N
调和级数求和	$1, \dfrac{1}{2}, \dfrac{1}{3}, \cdots, \dfrac{1}{N}$	$\theta(\log n)$
斯特林公式	$\log(n!)$	$\theta(n \log n)$
二项式系数	$\binom{N}{k}$	$\dfrac{N^k}{k!}$

1.6 非递归算法复杂度分析

算法的时间复杂度由算法中基本操作的次数来衡量。算法的执行时间绝大部分花在循环和递归上,循环的时间代价一般可以用运算次数来估算。在本节中主要讨论非递归算法的复杂度分析。下面通过一个例子来说明非递归算法的复杂度分析。

【例 1.2】 从 n 个元素中查找最大元素问题的算法效率分析，算法如图 1.2 所示。

算法复杂度分析：当前算法中的问题规模为 n。算法复杂度主要集中在循环语句，循环中的操作有比较运算和赋值运算。由于比较运算的操作次数与循环次数一致，因此比较运算作为基本操作。在整个循环中比较运算执行了 $n-1$ 次。该算法的复杂度为

```
输入：实数数组A[0..n-1]。
输出：数组A中的最大元素。
maxval = A[0]
for (i=1; i<n; i++)
   if A[i] > maxval
      maxval = A[i];
return maxval;
```

图 1.2 查找最大元素算法

$$T(n) = \sum_{i=1}^{n-1} 1 = n-1$$

其渐进性态为：

$$t(n) = n$$

由于 $\frac{1}{2}n \leqslant t(n) \leqslant 2n$，该算法的复杂度为 $t(n) \in \theta(n)$。

通过例 1.2 的分析，非递归算法的复杂度主要在于问题规模的大小和基本操作次数。故非递归算法复杂度的计算步骤如下。

(1) 决定用哪些参数作为输入规模的度量。
(2) 找出算法的基本操作。
(3) 检查基本操作的执行次数是否只依赖输入规模。
(4) 建立一个算法基本操作执行次数的求和表达式。
(5) 利用求和运算的标准公式和法则来建立一个操作次数的闭合公式，或者至少确定它的增长次数。

【例 1.3】 元素唯一性问题。即判断数组中的元素是否有重复。如果数组存在重复，返回 False；否则返回 True。算法如图 1.3 所示。

```
输入：实数数组A[0..n-1]。
输出：如果唯一，返回True；否则返回False。
for (i=1; i<n-1; i++)
   for (j=i+1; j<n; j++)
      if A[i]==A[j] return False;
return True;
```

图 1.3 元素唯一性算法

算法复杂度分析：问题规模为 n。基本操作为 $A[i]$ 与 $A[j]$ 的比较运算。该基本操作依赖于问题规模，当 $i=0$ 时，基本操作执行 $n-2$ 次；$i=1$ 时，基本操作执行 $n-3$ 次；……$i=n-2$ 时，基本操作执行 1 次。

根据等差数列的求和公式，得：

$$T(n) = 1 + 2 + \cdots + (n-2) = \frac{(n-1)(n-2)}{2} = \frac{1}{2}n^2 - \frac{3}{2}n + 1$$

保留 $T(n)$ 的主项，去掉低阶项，其渐进性态为 $t(n) = \frac{1}{2}n^2$，故 $t(n) \in \theta(n^2)$。

【例 1.4】 程序代码段如下,请分析其复杂度。

```
j = n;
while (j >= 1)
{   for (i = 1; i < j; i++)
        x = x + 1;
    j = j/2;
}
```

算法复杂度分析：在上述代码中,循环体的执行次数依赖 n,其中 n 为问题的规模。for 循环为内循环,它的 x＝x＋1 操作作为基本操作。在整个程序段中,x＝x＋1 的执行次数统计如下：

当 $j=n$ 时,$j>1$,第一次执行 for 循环,x＝x＋1 的执行次数为 n,j 为 $n/2$;

$j>1$,第二次执行 for 循环,x＝x＋1 的执行次数为 $n/2$,j 为 $n/4$;

⋮

$j>1$,第 k 次执行 for 循环,x＝x＋1 的执行次数为 $n/2^{k-1}$,j 为 $n/2^k$;

$j\leqslant 1$,循环结束。此时要求 $k\geqslant \log n$,即 $j=\dfrac{n}{2^k}\leqslant 1$。

将上述操作次数累加得到：

$$T(n) = n + \frac{n}{2} + \frac{n}{4} + \cdots + \frac{n}{2^{k-1}}$$

根据等比数列求和公式,得到：

$$T(n) = \frac{n\left(1 - \dfrac{1}{2^k}\right)}{1 - \dfrac{1}{2}}$$

它的渐进性态为

$$t(n) = 2n$$

故有

$$n \leqslant t(n) \leqslant 3n$$

所以该程序段的复杂度为 $\theta(n)$。

1.7 小结

算法对计算机科学的所有分支都非常重要。算法之大,可以囊括宇宙万物的运行规律；算法之小,寥寥几行代码就可以展现一个神奇的功能。在人工智能和 5G 的时代背景下,算法在现代的技术革新中扮演了一个关键的角色,最显而易见的一个例子是抖音的推荐算法。

本章介绍了算法的基本概念、算法与程序的关系、算法的复杂度、复杂度的渐进性态、非递归算法复杂度分析。

算法是求解问题的步骤,是由若干条指令组成的有穷序列。算法是程序的灵魂,借助于程序来实现问题的求解。算法的执行需要占用计算机资源,资源包括时间和空间,所以有时间复杂度和空间复杂度。空间复杂度主要考查数据和程序所占的存储资源,易于计算。时间复杂度与算法逻辑有关,主要看操作的增长次数。一般情况下,算法的复杂度指算法的时间复杂度,也是衡量算法性能的一个指标。

为了简化算法复杂度的计算,采用去除低阶项保留主项的方式,得到算法复杂度的渐进性态 $t(n)$。根据渐进性态 $t(n)$,通过与辅助函数 $g(n)$ 比较,得到算法的上界 O、下界 Ω 和近似 θ。通常情况下,用上界 O 来描述算法性能。算法在最坏情况下的运行时间是在需求范围内,该算法的性能是被认可的。

算法的执行时间绝大部分花在循环和递归上,循环的时间代价可以用运算次数来估算。通过例题展示了非递归算法的算法复杂度分析。

习题

1. 请给出下列式子的渐进性态。
   (1) $50n+3$
   (2) $2n^2+n$
   (3) 5^n+n^2+2n
2. 请给出下列式子的上界和下界。
   (1) $n(n+1)$
   (2) $4n^3+n$
   (3) $n^2+n\log n$
3. 变量 n 为已知输入,变量 x 已被定义,请写出代码的时间复杂度。

```
x = 0
for (i = 1; i < n; i++)
    for (j = 1; j < i * i; j++)
        x++
```

4. 请查阅资料,简述抖音、快手或小红书的推荐算法。
5. 请查阅资料,简述算法之美和算法之恶。

第 2 章

递归与分治

CHAPTER 2

2.1 递归的概念

递归指一个函数或者过程在其定义或者说明中有直接或者间接调用自身的一种算法。递归的基本思想是把一个待求解的问题划分成一个或者多个规模较小的子问题,继续划分,直到规模很小的子问题容易求得到解。这些规模小的子问题与原问题性质相同。

递归有两个要素:边界条件和递归公式。递归函数只有具备了这两个要素,才能在有限计算次数后得出结果。

【例 2.1】 阶乘函数 $f(n)=n!$ 可递归地定义为

$$f(n) = \begin{cases} 1 & n=1 \\ n \times f(n-1) & n>1 \end{cases} \tag{2.1}$$

其中,$n=1$ 时,$f(n)=1$ 是边界条件;$n>1$ 时,$f(n)=n\times f(n-1)$ 是递归公式。这样可以保证阶乘函数在有限次数内得到 $f(n)$ 的值。阶乘的递归代码如下:

```
int Factorial (n)
{
   if (n == 1)
        return 1;
   else
        return n * Factorial (n-1);
}
```

算法复杂度分析:问题规模为 n,每次递归都要执行 1 次乘法操作,并且问题规模减 1。递归的结束条件为 $n=1$。阶乘的算法复杂度可以通过乘法操作次数的累加求得。

$$T(n) = \begin{cases} O(1) & n=0 \\ T(n-1)+O(1) & n>0 \end{cases}$$

递推得

$$\begin{aligned} T(n) &= T(n-1)+1 \\ &= T(n-2)+1+1 \\ &\vdots \\ &= T(0)+1+\cdots+1 \\ &= n \end{aligned}$$

故用递归方法求解 $n!$ 的算法复杂度为 $O(n)$。

【例 2.2】 Fibonacci 数列:无穷数列 $1,1,2,3,5,8,13,21,34,55,\cdots$。它可以递归地定义为

$$f(n) = \begin{cases} 1 & n=0 \\ 1 & n=1 \\ f(n-1)+f(n-2) & n>1 \end{cases} \tag{2.2}$$

其中边界条件包含两部分:$n=0$ 时,$f(n)=1$;$n=1$ 时,$f(n)=1$。递归公式为 $f(n)=f(n-1)+f(n-2)$,这样可以保证在有限次数内得到 Fibonacci 数列 $f(n)$ 的值。

Fibonacci 数列的递归代码如下：

```
int Fibonacci (int n)
{
    if (n <= 1) return 1;
    return Fibonacci(n-1) + Fibonacci(n-2);
}
```

算法复杂度分析：将规模为 n 的问题分解为两个子问题，其中一个子问题的问题规模为 $n-1$，另一个子问题的问题规模为 $n-2$。递归边界条件为 $n \leqslant 1$，递归公式为两个问题相加。由于两个子问题的问题规模不相同，因此基本操作次数也不相同。Fibonacci 数列递归计算中操作次数的递推公式为

$$T(n) = T(n-1) + T(n-2) + 1$$

由于子问题存在重复，因此这个递推公式的推导过程比较复杂。换一个思路来求解算法复杂度，按照问题分解的过程建造一棵树，如图 2.1 所示。

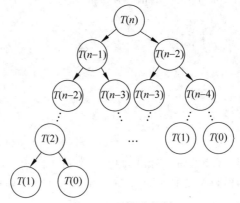

图 2.1　问题分解树

这个二叉树共有 n 层，最多有 $2^n - 1$ 个节点。递归算法要遍历图 2.1 所示的树的每一个节点，算法复杂度为 $O(2^n)$。

通过例 2.1 和例 2.2 的算法分析，可以得出一个递归算法的算法复杂度通用方案，具体步骤如下。

（1）决定用哪些参数作为输入规模的度量。
（2）找出算法的基本操作。
（3）如果递归子问题的输入规模不同，基本操作的执行次数可能不同，则需要对最差复杂度、平均复杂度以及最优复杂度进行单独研究。
（4）建立一个算法基本操作执行次数的递推关系以及边界条件。
（5）解这个递推公式，或者至少确定它的解的增长次数。

2.2　分治法

一般来说，问题的规模越大，直接解决问题的难度也越大。这时可以考虑使用分治法，它将一个难以直接解决的大问题分成多个子问题，分别求解每个子问题，然后将这些子问题

的解合并为大问题的解。

2.2.1 分治法的思想

分治法的思想是将一个规模大的问题分解成若干规模较小的子问题,如果子问题的规模仍然不够小,则再划分为若干子问题,如此递归地进行下去,直到问题规模足够小,将很容易求出其解。将求出小规模问题的解合并为一个更大规模问题的解,自底向上逐步求出原来问题的解。分治法的精髓所在是"分"和"治"。步骤如下。

(1) 分解:将一个规模大的问题划分为若干子问题,子问题与原问题属于同一类型,这些子问题的规模最好相同。

(2) 求解:对这些子问题求解。

(3) 合并:合并这些子问题的解,以得到原问题的解。

2.2.2 分治法的适用条件

分治法所能解决的问题一般具有以下 4 个特征。

(1) 该问题的规模缩小到一定的程度就可以容易地解决。

(2) 该问题可以分解为若干规模较小的相同子问题,即该问题具有最优子结构性质。

(3) 将这些子问题的解合并为该问题的解。

(4) 该问题所分解出的各个子问题是相互独立的,即子问题之间不包含公共的子问题。

因为问题的计算量一般是随着问题规模的减小而减小的,因此大部分问题满足第一个特征;第二个特征是应用分治法的前提,它也是大多数问题可以满足的,此特征反映了递归思想的应用;能否利用分治法完全取决于问题是否具有第三个特征;如果具备了前两条特征,而不具备第三个特征,则可以考虑贪心算法或动态规划算法;第四个特征涉及分治法的效率,如果各子问题相互不独立,则分治法要做许多不必要的工作,重复地解公共的子问题,此时虽然也可用分治法,但一般用动态规划算法较好。

2.2.3 分治法的基本框架

分治法的一般算法框架如下:

```
Divide_and_Conquer(P)
 {
  if ( | P | <= c) Solve(P);              //解决小规模的问题
  divide P into Sub - instances P1, P2, …, Pa;   //将 P 分解为 a 个子问题
  for (i = 1, i <= a, i++)
       Ti = Divide_and_Conquer(Pi);       //递归地解各子问题
  return merge (T1, …, Ta);               //将各子问题的解合并为原问题的解
 }
```

人们从大量实践中发现,当使用分治法设计算法时,最好使子问题的规模大致相同,即将一个问题分成大小相等的 a 个子问题的处理方法是行之有效的。这种使子问题规模大致相等的做法是出自一种平衡(balancing)子问题的思想,它几乎总是比子问题规模不等的

做法要好。

2.2.4 分治法的复杂度分析

在一般情况下,分治法是将原问题分解成 a 个子问题,且每个子问题的大小是原问题的 $\frac{1}{b}$。分解原问题的时间为 $D(n)$,合并这些子问题解的时间为 $C(n)$。若子问题很小,则直接求解的时间为常量,记为 $O(1)$。故算法的运行时间 $T(n)$ 可以定义如下:

$$T(n) = \begin{cases} O(1) & n \leqslant c \\ aT\left(\dfrac{n}{b}\right) + D(n) + C(n) & n > c \end{cases} \tag{2.3}$$

其中,c 是可直接求解的问题规模。从式(2.3)中可以看出,$T(n)$ 的增长次数取决于常数 a 和 b 的值以及函数 $D(n)$ 和 $C(n)$ 增长的次数。

2.3 分治法的应用

2.3.1 一维数组的二分查找

【例 2.3】 给定一个包含 n 个元素的升序序列 $A[0:n-1]$,现要从这 n 个元素中查找出特定元素 x。

算法分析:当该问题规模为 1 时,即仅包含 1 个元素,将 $A[0]$ 与 x 相比较即可得到解,这满足分治法的第一个特征;将问题规模 n 分解为 2 个问题规模为 $\frac{n}{2}$ 的子问题,子问题也是查找特定元素的,与原问题的性质相同,这满足分治法的第二个特征;求出子问题的解,可直接合并为原问题的解,这满足分治法的第三个特征;原问题分解出的子问题是相互独立的,即在 A 的前半部分或后半部分查找 x 都是独立的子问题,这满足分治法的第四个特征。

递归实现二分查找算法的伪代码如图 2.2 所示。

```
输入:待查找数组A、特定元素x、数组的上界high和下界low。
输出:查找结果。
int Binary_Search(int A[], int x, int low, int high)
{
    if(low > high)   //查找不到
        return -1;
    int mid = (low+high)/2;
    if(x == A[mid])  //查找到
        return mid;
    if(x < A[mid])
        return Binary_Search (A, x, low, mid-1);
    else
        return Binary_Search (A, x, mid+1, high);
}
```

图 2.2 递归实现二分查找算法的伪代码

算法复杂度分析：当只有一个元素时，直接与 x 比较即可得到解，此时的复杂度为 $O(1)$；通过 x 与 $A[\text{mid}]$ 的比较，将该问题划分为两个子问题，划分子问题的复杂度 $D(n)=1$。在划分的两个子问题中，只有一个子问题进行递归搜索。没有合并解过程，忽略 $C(n)$。所以二分查找的算法复杂度表达式为

$$T(n) = \begin{cases} O(1) & n=1 \\ T\left(\dfrac{n}{2}\right)+1 & n>1 \end{cases} \tag{2.4}$$

当 $n>1$ 时，将原问题规模减半，持续划分，直到子问题规模为 1，得到如下表达式：

$$\begin{aligned} T(n) &= T\left(\frac{n}{2}\right)+1 \\ &= T\left(\frac{n}{4}\right)+2 \\ &\vdots \\ &= T\left(\frac{n}{2^k}\right)+k \end{aligned}$$

因 $\dfrac{n}{2^k}=1$，$k=\log n$，所以二分查找的递归算法复杂度为 $O(\log n)$。

由于递归算法有很多保存现场（压栈）与恢复现场（弹栈）的操作，一般情况下尽量使用非递归算法来实现，以提高算法效率。下面是采用循环方式实现二分查找。

循环实现二分查找算法的伪代码如图 2.3 所示。

在图 2.3 中，每执行一次算法的 while 循环，待搜索数组的大小就减少一半。因此，在最坏情况下，while 循环被执行了 $O(\log n)$ 次。循环体内运算需要 $O(1)$ 时间，因此整个算法在最坏情况下的计算时间复杂度为 $O(\log n)$。

```
int Binary_Search(int A[], int x, int low, int high)
{
    while (high >= low )
    {   int mid = (low + high)/2;
        if (x == A[mid])
            return mid;
        if (x < A[mid])
            high = mid-1;
        else
            low = mid+1;
    }
    return -1;
}
```

图 2.3　循环实现二分查找算法的伪代码

2.3.2　二维数组查找

二维数组查找特定元素是一维数组查找元素问题的拓展。

【例 2.4】 给定一个 $m \times n$ 二维整数数组 A（或者说，一个整数矩阵），每行元素从左到右递增，每列元素从上往下递增。给定一个特定元素 x，判断 x 是否在这个二维数组内。

以图 2.4 中的数据为例来说明算法的求解过程。对于图 2.4 中的二维数组，当查找的特定元素为 14 时，查找成功；当查找的特定元素为 45 时，查找不成功。

根据 A 数组由上到下、由左到右递增的规律，可知 A 数组的左上角元素最小，右下角元素最大。如果特定元素 x 小于 A 数组左上角的元素或者大于右下角的元素，则 x 不在二维数组中。例如，45 为待查元素，右下角的元素为 34。因 $45>34$，故查找不成功。如果 x 大于 A 数组左上角的元素且小于右下角的元素，判断 x 是否在二维数组中的步骤如下。

（1）分解问题，将二维数组划分为 m 个一维数组。

(2) 求解,对每个一维数组进行二分查找,直到查找到特定元素 x。
(3) 合并,子问题的解就是原问题的解,不需要合并操作。
根据上述算法分析,算法的伪代码如图 2.5 所示。

$$\begin{pmatrix} 1 & 4 & 6 & 11 & 19 \\ 2 & 5 & 8 & 14 & 21 \\ 3 & 6 & 9 & 16 & 22 \\ 10 & 12 & 15 & 17 & 24 \\ 13 & 18 & 23 & 25 & 34 \end{pmatrix}$$

```
输入:二维数组A、行数m、列数n以及特定元素x。
输出:查找结果。
bool findNumberIn2DArray (int A[m][n], int x, int m, int n)
{   int tmp;
    if (x<A[0][0]) or (x>A[m-1][n-1])   return False;
    for (row=0; row<m; row++)
    {   tmp=Binary_Search(A[row][ ], x, 0, n);
        if (tmp!=-1)  return True;
    }
    return False;
}
```

图 2.4 待查找的二维数组　　　　图 2.5 二维数组查找伪代码

算法复杂度分析:由于一维数组的二分查找复杂度为 $O(\log n)$,二维数组有 m 行,即 m 个一维数组,故上述代码的算法复杂度为 $O(m\log n)$。但该算法没有利用到数组行元素和列元素递增的特性,需要再分析问题来设计更优的算法。

对角线法的算法分析:根据 A 数组的特殊条件可知,其左下角是第一列中最大的,且是最后一行最小的。根据左下角元素与特定元素的比较来缩小搜索范围。设 $A[\text{row}][\text{col}]$ 表示 A 数组左下角的元素,特定元素 x 与 $A[\text{row}][\text{col}]$ 的比较如下:当特定元素 x 小于 $A[\text{row}][\text{col}]$ 时,那么 x 肯定不在当前行上,需要在当前行的上边查找 x,令 row--;当 x 大于元素 $A[\text{row}][\text{col}]$ 时,那么 x 肯定不在当前列上,需要在当前列的右边查找 x,令 col++;当 x 等于元素 $A[\text{row}][\text{col}]$ 时,输出 True。

每一次比较都是在缩小搜索范围,排除一行或者一列。因子问题的答案就是原问题的答案,不需要做子问题的合并工作。以图 2.6 为例,通过查找目标值 14 来演示查找过程。

(1) 当前 A 数组的左下角的元素 $A[4][0]=13$,因 13<14,去掉最左侧一列,故缩小查找范围,如图 2.7 所示。

递增

$$\begin{pmatrix} 1 & 4 & 6 & 11 & 19 \\ 2 & 5 & 8 & 14 & 21 \\ 3 & 6 & 9 & 16 & 22 \\ 10 & 12 & 15 & 17 & 24 \\ 13 & 18 & 23 & 25 & 34 \end{pmatrix}$$ 递增

$$\begin{pmatrix} 4 & 6 & 11 & 19 \\ 5 & 8 & 14 & 21 \\ 6 & 9 & 16 & 22 \\ 12 & 15 & 17 & 24 \\ 18 & 23 & 25 & 34 \end{pmatrix}$$

图 2.6 特殊条件的二维数组　　　　图 2.7 二维数组查找第一步

(2) 图 2.7 中左下角的元素为 18,18>14,去掉最下面一行,查找范围缩小,如图 2.8 所示。
(3) 图 2.8 中左下角的元素为 12,12<14,去掉最左侧一列,查找范围缩小,如图 2.9 所示。
(4) 图 2.9 中左下角的元素为 15,15>14,去掉最下面一行,查找范围缩小,如图 2.10 所示。
(5) 图 2.10 中左下角的元素为 9,9<14,去掉最左侧一列,查找范围缩小,如图 2.11 所示。

$$\begin{pmatrix} 4 & 6 & 11 & 19 \\ 5 & 8 & 14 & 21 \\ 6 & 9 & 16 & 22 \\ 12 & 15 & 17 & 24 \end{pmatrix}$$

图 2.8　二维数组查找第二步

$$\begin{pmatrix} 6 & 11 & 19 \\ 8 & 14 & 21 \\ 9 & 16 & 22 \\ 15 & 17 & 24 \end{pmatrix}$$

图 2.9　二维数组查找第三步

$$\begin{pmatrix} 6 & 11 & 19 \\ 8 & 14 & 21 \\ 9 & 16 & 22 \end{pmatrix}$$

图 2.10　二维数组查找第四步

$$\begin{pmatrix} 11 & 19 \\ 14 & 21 \\ 16 & 22 \end{pmatrix}$$

图 2.11　二维数组查找第五步

(6) 图 2.11 中左下角的元素为 15，15＞14，去掉最下面一行，查找范围缩小，如图 2.12 所示。

(7) 图 2.12 中左下角的元素为 14，与目标值 14 相等，查找成功。

根据上述演示过程，对角线法的伪代码如图 2.13 所示。

$$\begin{pmatrix} 11 & 19 \\ 14 & 21 \end{pmatrix}$$

图 2.12　二维数组查找第六步

```
输入：二维数组A、行数m、列数n以及特定元素x。
输出：查找结果。
bool Opt_findNumberIn2DArray (int A[m][n], int m, int n, int x)
{ row←m-1; col←0; // 设定左下角的行和列
  if (x<A[0][0]) or (x>A[m-1][n-1])  return False;
  while (row >=0 and col<n)
   { if (x==A[row][col] ) return True;  // 找到目标值
     if (x > A[row][col])    // 目标值大于左下角的元素
         col++;              // 排除当前列
     else                    // 目标值小于或等于左下角的元素
         row--;              // 排除当前行
   }
   return False;
}
```

图 2.13　对角线法的伪代码

算法复杂度分析：图 2.13 所示伪代码的算法复杂度主要集中在 while 循环上，在最坏的情况下，遍历了 $m+n$ 个元素，故对角线查找的算法复杂度为 $O(m+n)$。

2.3.3　合并排序

合并排序算法是应用分治法的一个例子。合并排序的设计思想为对于一个需要排序的数组 $A[0:n-1]$，将它划分为两个子数组，分别为 $A[0:\lfloor n/2 \rfloor-1]$ 和 $A[\lfloor n/2 \rfloor:n-1]$，并对每个子数组递归排序，然后把这两个排好序的子数组合并为一个有序数组。

【例 2.5】对一个有 n 个元素的序列 $a_0, a_1, \cdots, a_{n-1}$ 进行升序排列。

算法分析：对 n 个元素进行合并排序的步骤如下。

(1) 分解问题，将 n 个元素分成两个 $n/2$ 个元素的子数组。

(2) 求解，对两个子数组递归地排序，单个元素视为已排好序的。

（3）合并，合并两个已排序的子数组以得到排序结果。

图 2.14 显示了 8 个元素的合并排序过程。分解的过程是将数组划分为两个子问题，一直划分到仅包含一个元素。合并的过程是不断将两个子问题合并，直到得到一个升序数组。

合并排序算法的伪代码如图 2.15 所示。

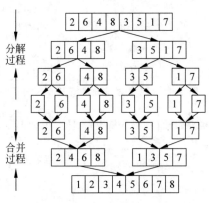

```
输入：待排序的数组A以及数组的下界low和上界high。
输出：排好的数组。
void mergesort(int A[], int low, int high)
{
    int mid;
    if (low<high)             //划分大问题
    {
        mid=(low+high)/2;     //基准点
        mergesort(A, low, mid);      // 左子问题
        mergesort(A, mid+1, high);   // 右子问题
        merge(A, low, mid, high);    //合并过程
    }
}
```

图 2.14　合并排序过程　　　　　　　图 2.15　合并排序算法的伪代码

合并排序的关键步骤在于合并两个已排序子序列。先将两个有序序列分别赋给数组 B 和 C，下标 i 和 j 分别指向两个待合并的数组 B 和 C 的第一个元素。然后比较这两个元素的大小，将较小的元素添加到数组 A。将被复制数组中的下标后移，指向该较小元素的后继元素。重复上述操作直到数组 B 或者 C 被处理完。最后，直接将未处理完数组的剩下元素复制到数组 A 的尾部。

两个有序数组合并过程的伪代码如图 2.16 所示。

```
输入：待排序的数组A以及数组的下界low、中间点mid和上界high。
输出：排好的数组。
void merge (int A[],int low, int mid, int high)
{ int B[mid-low+1],C[high-mid];
  B←A[low: mid];
  C←A[mid+1:high];
  i = 0, j = 0, k = low;
  while (i < mid-low+1 && j < high-mid)
  {   if(B[i] <= C[j])
          {A[k] = B[i]; i++; k++;}
      else
          {A[k] = C[j]; j++; k++;}
  }
  while(i < mid-low+1)
      {A[k] = B[i];i++;k++;}
  while(j < high-mid)
      {A[k] = C[j];j++;k++;}
}
```

图 2.16　合并有序数组过程的伪代码

算法复杂度分析：合并排序算法是将一个问题划分为两个子问题，使问题的规模减半。划分操作的复杂度是 $D(n)=O(1)$，合并操作的复杂度为 $C(n)=O(n)$。其递归到边界时，

直接返回。其算法复杂度表达式为

$$T(n) = \begin{cases} O(1) & n=1 \\ 2T\left(\dfrac{n}{2}\right)+n & n>1 \end{cases} \qquad (2.5)$$

由推导式(2.5)可知,合并排序的算法复杂度为 $\theta(n\log n)$。

此外,也可以通过构建一棵二叉树来求解问题的复杂度,如图 2.17 所示。n 个节点完全二叉树深度为 $\log n(n=2^k)$,在每一层要进行 n 个元素的操作,故合并排序的算法复杂度为 $\theta(n\log n)$。

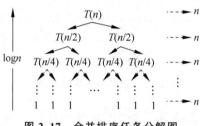

图 2.17　合并排序任务分解图

合并排序是一种稳定排序,最坏时间复杂度为 $O(n\log n)$。在平均情况下,合并排序的时间复杂度为 $O(n\log n)$,算法的辅助空间为 $O(n)$。

2.3.4　逆序对

逆序对指在一个序列中,如果两个元素的顺序与排序后它们的顺序相反,则称这两个元素构成一个逆序对。通过统计序列中的逆序对个数,人们可以发现序列的特征和规律,并且利用这些信息来解决各种问题。如在图像处理中,通过分析图像中像素点的亮度值之间的逆序对数量可以提取出图像的纹理和形状信息,以应用于图像分析和识别。

【例 2.6】　对于一个正整数序列 A,如果有 $i<j$,且 $A[i]>A[j]$,则 $(A[i],A[j])$ 为数组 A 中的一个逆序对。当给定一个正整数序列 A,求出该序列中逆序对的数目。

一个很简单的求解方式就是暴力求解,遍历该数组中的所有元素,判断在该元素右边的每个元素是否比该元素小,如果比该元素小,那么这两个数就构成了逆序对。该算法的伪代码如图 2.18 所示。

图 2.18 中,算法复杂度集中在两个 for 循环,算法复杂度为 $O(n^2)$。

```
输入：数组A和元素个数n。
输出：逆序对的个数。
int countInversions(int A[], int n)
{   int count = 0;
    for (int i = 0; i < n - 1; i++) {
        for (int j = i + 1; j < n; j++)
            if (A[i]>A[j]) count++;
    }
    return count;
}
```

图 2.18　暴力求解逆序对算法的伪代码

算法分析:此题可以借助合并排序来求解逆序对,将整个序列均分成前后两个部分。将所有的逆序对分成以下 3 种情况。

(1) 逆序对中的两个数在前一个序列。

(2) 逆序对中的两个数在后一个序列。

(3) 逆序对中的两个数,一个数在前一个序列,一个数在后一个序列。

前两种情况在递归中转换为第三种情况,因此只需要编写第三种的情况即可。在合并两个子序列时统计逆序对的个数，merge_sort()函数的返回定义为逆序对的数量。在图 2.19 中展示了左右两个子序列合并中逆序对个数的统计。当前一个序列中的 $A[i]$ 大于 $A[j]$，那么此时针对 $A[j]$ 的逆序对的数量为 $\mathrm{mid}-i+1$。

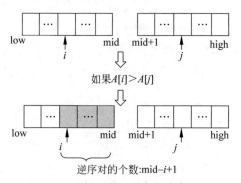

图 2.19　合并中逆序对的统计

下面以图 2.14 中最后一步的合并来说明逆序对的统计，具体步骤如下。

(1) 在图 2.20 中，$A[i]=2,A[j]=1$。因 2＞1，2 后面的所有元素与 1 都是逆序，共 4 个逆序对，分别是(2,1)、(4,1)、(6,1)和(8,1)。将 1 放入序列，j 指针右移；因 2＜3，将 2 放入序列，i 指针右移。

(2) 在图 2.21 中，$A[i]=4,A[j]=3$。因 4＞3，4 后面的所有元素与 3 都是逆序，共 3 个逆序对，分别是(4,3)、(6,3)和(8,3)。将 3 放入序列，j 指针右移，$A[j]=5$；因 4＜5，将 4 放入序列，i 指针右移。

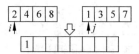　　　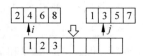

图 2.20　合并中逆序对的统计(1)　　　图 2.21　合并中逆序对的统计(2)

(3) 在图 2.22 中，$A[i]=6,A[j]=5$。因 6＞5，6 后面的所有元素与 5 都是逆序，共两个逆序对，分别是(6,5)和(8,5)。将 5 放入序列，j 指针右移，$A[j]=7$；因 6＜7，将 6 放入序列，i 指针右移。

(4) 在图 2.23 中，$A[i]=8,A[j]=7$。因 8＞7，只有 1 个逆序对(8,7)。分别将 7 和 8 放入序列。

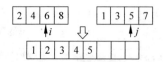　　　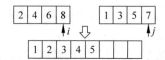

图 2.22　合并中逆序对的统计(3)　　　图 2.23　合并中逆序对的统计(4)

(5) 统计合并中的逆序对的个数 4+3+2+1=10。

对于整个序列[2,6,4,8,3,5,1,7]，共有 13 个逆序对，分别是(8,7)、(2,1)、(6,1)、(4,1)、(8,1)、(3,1)、(5,1)、(6,5)、(8,5)、(6,3)、(4,3)、(8,3)、(6,4)。

只需要在合并排序的代码模板上再加一行即可，算法伪代码如图 2.24 所示。

```
输入：待排序的数组A以及数组的下界low、中间点mid和上界high。
输出：逆序对的个数。
int merge_countInversions(int A[],int low, int mid, int high)
{ ...
  cnt=0;
  while (i < mid-low+1 && j < high-mid)
  {  if(B[i] <= C[j])
       {A[k] = B[i]; i++; k++;}
     else
       {A[k] = C[j]; j++; k++; cnt+=mid-i+1;}
  }
  ...
  return cnt;
}
```

图 2.24　基于合并排序的逆序对算法的伪代码

算法复杂度分析：此段代码与合并排序的复杂度一致，时间复杂度为 $O(n\log n)$，空间复杂度为 $O(n)$。

2.3.5　快速排序

【**例 2.7**】 采用快速排序对一个 n 元素的序列 $a_0, a_1, \cdots, a_{n-1}$ 进行升序排列。

算法分析：对 n 元素进行快速排序，它的分治策略如下。

（1）划分：对于一个需要排序的数组 $A[0:n-1]$，选择一个基准元素（第一个元素、最后一个元素，或者随机选择一个元素），将 A 进行划分且划分下标为 s，使得 $A[s]$ 左边的元素都小于或等于 $A[s]$，而 $A[s]$ 右边的元素都大于或等于 $A[s]$。

（2）求解：递归调用快速排序算法分别对 $A[0:s-1]$ 和 $A[s+1:n-1]$ 进行排序。

（3）合并：$A[0:s-1]$ 和 $A[s+1:n-1]$ 已排序，不需要合并操作。

快速排序算法的伪代码如图 2.25 所示。

```
输入：一个待排序的数组A及其下界low和上界high。
输出：已排好序数组。
void Quicksort(int A[], int low, int high)
{ int s;
  if (low<high)
      {s=Partition(A, low, high);    //划分子问题位置
      Quicksort(A, low, s-1);        //左子问题
      Quicksort(A, s+1, high);       //右子问题
      }
}
```

图 2.25　快速排序算法的伪代码

在快速排序中，划分的位置是关键。划分使数组满足下列 3 个条件。

（1）划分位置 s，划分元素 $A[s]$。

（2）$A[low:s-1]$ 中的所有元素都不大于 $A[s]$。

（3）$A[s+1:high]$ 中的所有元素都不小于 $A[s]$。

划分算法的伪代码如图 2.26 所示。

```
输入：待划分的数组A以及其下界low和上界high。
输出：划分位置s。
int Partition (int A[], int low, int high)
{ int key, i, j;
    key=A[high]; // 选择最后一个元素
    i=low-1;
    for (j=low; j<high; j++)
        if (A[j]<=key)
        { i++;
            A[i]↔A[j]; // 两个元素互换
        }
    A[i+1] ↔A[high]; // 两个元素互换
    return i+1;
}
```

图 2.26　划分算法的伪代码

以 8 个元素为例演示快速排序划分过程，演示步骤如下。

(1) 确定以最后一个元素作为基准值 $key=A[high]$，在图 2.27 中，$key=4$。设定数组两个下标 i 和 j，其中 i 负责比 key 小的元素下标，j 则是按顺序遍历数组元素，如图 2.27 所示。

(2) 图 2.27 中 $A[j]=2$，因 2<4，所以下标 i 加 1，并完成 $A[i]↔A[j]$ 两个元素的互换；下标 j 加 1，如图 2.28 所示。

(3) 图 2.28 中 $A[j]=8$，因 8>4，所以下标 j 加 1；此时 $A[j]=7,7>4$，下标 j 加 1，如图 2.29 所示。

图 2.27　快速排序分区第一步　　图 2.28　快速排序分区第二步　　图 2.29　快速排序分区第三步

(4) 图 2.29 中 $A[j]=1$，因 1<4，所以下标 i 加 1，并完成 $A[i]↔A[j]$ 两个元素的互换，下标 j 加 1，如图 2.30 所示。

(5) 图 2.30 中 $A[j]=3$，因 3<4，所以下标 i 加 1，并完成 $A[i]↔A[j]$ 两个元素的互换，下标 j 加 1，如图 2.31 所示。

图 2.30　快速排序分区第四步　　图 2.31　快速排序分区第五步

(6) 图 2.31 中 $A[j]=5$，因 5>4，所以下标 j 加 1；$A[j]=6,6>4$，下标 j 加 1，如图 2.32 所示。

(7) 图 2.32 中 $j≥high$，所以 $A[i+1]↔A[high]$ 两个元素互换，返回 $i+1$，如图 2.33 所示。

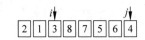

图 2.32　快速排序分区第六步　　　图 2.33　快速排序分区第七步

算法复杂度分析：快速排序的性能取决于划分数组是否均匀，这又取决于基准元素的选取。因此，从最坏情况、最好情况、随机情况三方面来分析。

(1) 最坏情况：在划分过程中产生的两个区域分别包含 $n-1$ 个元素和 0 个元素时，假设算法的每一次递归调用中都出现了这种不对称划分，划分的时间代价为 $O(n)$。因此算法的运行时间可以递归地表示为

$$T(n)=\begin{cases} O(1) & n=1 \\ T(n-1)+O(n) & n\geqslant 1 \end{cases} \tag{2.6}$$

根据式(2.6)，快速排序的算法复杂度为 $T(n)=O(n^2)$。这种情况与冒泡排序相似。

(2) 最好情况：在 Partition() 做最平衡的划分中，得到的两个子问题的规模大小都为 $n/2$，其运行时间的递归式为

$$T(n)\leqslant 2T(n/2)+O(n) \tag{2.7}$$

根据式(2.7)，快速排序的算法复杂度为 $T(n)=O(n\log n)$。

(3) 随机情况：如果切分元素放在下标 s 处，那么一次调用 Partition()，进行 $n-1$ 次操作，划分两个子问题 $T(s-1)$ 和 $T(n-s)$。

$$T(n)=n-1+T(s-1)+T(n-s)$$

由于所有的下标 s 都有同等的被选机会，所以有：

$$T(n)=n-1+\frac{1}{n}\sum_{s=1}^{n}(T(s-1)+T(n-s))$$

由于 $T(0),\cdots,T(n-1)$ 都会出现两次，故：

$$T(n)=n-1+\frac{2}{n}\sum_{s=0}^{n-1}T(s)$$

建立递推公式如下：

$$nT(n)=n(n-1)+2\sum_{s=0}^{n-1}T(s),\quad n>1 \tag{2.8}$$

建立 $T(n-1)$ 公式如下：

$$(n-1)T(n-1)=(n-1)(n-2)+2\sum_{s=0}^{n-2}T(s),\quad n>2 \tag{2.9}$$

将式(2.8)减去式(2.9)，得：

$$nT(n)-(n-1)T(n-1)=n(n-1)-(n-1)(n-2)+2T(n-1)$$

化简上式，得：

$$nT(n)=2(n-1)+(n+1)T(n-1),\quad n>2 \tag{2.10}$$

将式(2.10)除 $n(n+1)$，得：

$$\frac{T(n)}{n+1}=\frac{2(n-1)}{n(n+1)}+\frac{T(n-1)}{n},\quad n>2 \tag{2.11}$$

用 n 代替 $n-1$，得：

$$\frac{T(n)}{n+1} \leqslant \frac{2}{(n+1)} + \frac{T(n-1)}{n}, \quad n > 2$$

迭代，得：

$$\begin{aligned}\frac{T(n)}{n+1} &\leqslant \frac{2}{(n+1)} + \frac{T(n-1)}{n} \\ &\leqslant \frac{2}{n+1} + \frac{2}{n} + \frac{T(n-2)}{n-1} \leqslant \cdots \\ &\leqslant 2\left(\frac{1}{n+1} + \frac{1}{n} + \cdots + \frac{1}{4}\right) + \frac{T(2)}{3}\end{aligned}$$

由于$\frac{1}{n+1}+\frac{1}{n}+\cdots\frac{1}{4}=O(\log n)$，故：

$$T(n) = O(n\log n) \tag{2.12}$$

用 n 代替式(2.11)中的 $2(n-1)$，得：

$$\frac{T(n)}{n+1} \geqslant \frac{1}{(n+1)} + \frac{T(n-1)}{n}, \quad n > 2$$

迭代，得：

$$\frac{T(n)}{n+1} \geqslant \frac{1}{(n+1)} + \frac{1}{n} + \cdots + \frac{1}{4} + \frac{T(2)}{3}$$

故：

$$T(n) = \Omega(n\log n) \tag{2.13}$$

根据式(2.12)和式(2.13)，随机快速排序的算法复杂度为 $T(n)=\theta(n\log n)$。

2.3.6 *k* 选择问题

【例 2.8】 给定一个无序序列，寻找第 k 小的元素。

算法分析：利用快速排序的划分操作来实现第 k 小的元素。主要步骤如下。①划分：随机选择一个元素，并以此元素为基准，比基准元素小的元素移到左边，比基准元素大的元素移到右边。②求解：统计左边数组元素个数 r 是否大于 k，如果 r 大于 k，则说明在左边数组中可寻找第 k 个元素；如果 r 小于 k，则在左边寻找第 $k-r$ 个元素；如果 r 等于 k，则返回基准元素。

图 2.34 显示了 k 选择的分治策略，a_r 为基准元素，其左边都是比它小的元素，其右边都是比它大的元素。统计左边子问题元素个数，并判断第 k 小的元素在左边子问题还是右边子问题，然后在子问题中查找第 k 小的元素。

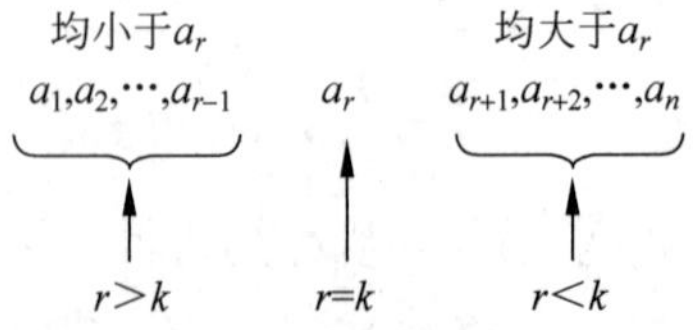

图 2.34 *k* 选择问题的分治思想

算法 SelectMinK 的伪代码如图 2.35 所示。

算法复杂度分析：与排序算法类似，k 选择问题的效率与选择基准有关。如果每次划分的左右子数组是均衡的，则选择其中一个子数组进行下一次划分，此时的算法复杂度表达式为

$$T(n) = \begin{cases} O(1) & n = 1 \\ T\left(\frac{n}{2}\right) + O(n) & n > 1 \end{cases} \tag{2.14}$$

```
输入：无序数组A=(A[1],A[2],...,A[n])和整数k。
输出：第k小的元素值。
int SelectMinK (int A[ ], int low, int high, int k)
{ if (high-low<=k) return A[high];    //数组长度小于k
  else {
      i=Lrandom(low, high);        //在区间[low,high]中随机选取一个元素
      A[low]←→A[i];              //交换元素
      r=Partition(A, low, high);      //进行一次划分,得到轴值的位置r
      if (k= =r) return A[r];        //元素A[r]就是第k小元素
      else if (k<r)
          SelectMinK (A, low, r-1, k);    //在前半部分继续查找
      else
          SelectMinK (A, r+1, high, k-r);  //在后半部分继续查找
  }
}
```

图 2.35 算法 SelectMinK 的伪代码

推导式(2.14),得到 $O(n)$。

如果每次划分的基准元素总是最大值,使得子数组的元素个数比划分前少1。此时的算法复杂度表达式为

$$T(n) = \begin{cases} O(1) & n=1 \\ T(n-1)+O(n) & n>1 \end{cases}$$

通过推导得到 $O(n^2)$,这是最坏的情况。由于在算法中使用随机数来划分,所产生的左右子数组均衡概率高,因此算法可以在 $O(n)$ 的平均时间完成。

2.3.7 棋盘覆盖

【例 2.9】 在一个由 $2^k \times 2^k$ 个方格组成的棋盘中,恰有一个方格与其他方格不同,称该方格为一特殊方格,且称该棋盘为一特殊棋盘,如图 2.36(a)所示。在棋盘覆盖问题中,要用图 2.36(b)所示的 4 种不同形态的 L 形骨牌覆盖给定的特殊棋盘上除特殊方格以外的所有方格,且任何 2 个 L 形骨牌不得重叠覆盖。

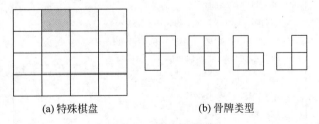

(a) 特殊棋盘   (b) 骨牌类型

图 2.36 棋盘和骨牌

算法分析：当 $k>0$ 时,将 $2^k \times 2^k$ 棋盘分解为 4 个 $2^{k-1} \times 2^{k-1}$ 子棋盘,如图 2.37(a) 所示。特殊方格必位于 4 个子棋盘之一中,其余 3 个子棋盘中无特殊方格。为了将这 3 个无

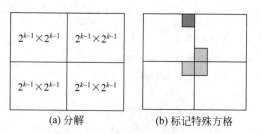

(a) 分解　　　　　　(b) 标记特殊方格

图 2.37　棋盘覆盖任务分解图

特殊方格的子棋盘转换为特殊棋盘,可以用一个 L 形骨牌覆盖这 3 个较小棋盘的会合处,如图 2.37(b)所示,从而将原问题转换为 4 个较小规模的棋盘覆盖问题。递归地使用这种分解,直至棋盘简化为棋盘 1×1。

棋盘覆盖算法的伪代码如图 2.38 所示。

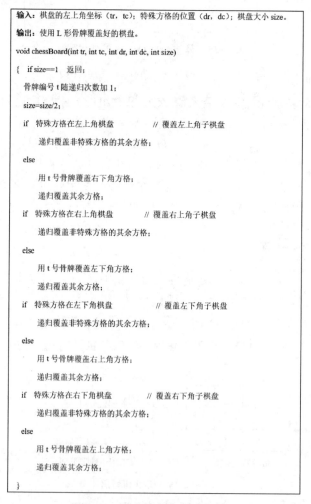

图 2.38　棋盘覆盖算法的伪代码

为了更好地理解棋盘覆盖算法,以 4×4 棋盘为例,特殊方格为(1,2),骨牌覆盖棋盘的过程如图 2.39 所示。

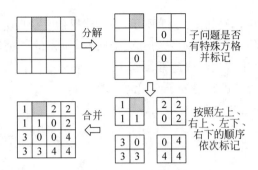

图 2.39 棋盘覆盖过程

第一次任务划分为 4 个子问题,分别是左上子问题、右上子问题、左下子问题、右下子问题。首先调用左上子问题,判断有特殊方格,标记并递归返回;接着判断右上子问题无特殊方格,在其左下角的方格填写 0,标记其他方格并返回;之后同样处理左下子问题和右下子问题;最后得到覆盖的棋盘。

算法复杂度分析:对于 $2^k \times 2^k$ 棋盘,可划分为 4 个 $2^{k-1} \times 2^{k-1}$ 子棋盘。它的算法复杂度表达式为

$$T(k) = \begin{cases} O(1) & k = 1 \\ 4T(k-1) & k > 1 \end{cases}$$

递推该式可得 $O(4^k)$,覆盖棋盘所需的 L 形骨牌个数为 $\dfrac{4^k - 1}{3}$。

2.3.8 快速幂

【例 2.10】 a^n 即 n 个 a 相乘。

简单的方法就是通过 n 次循环使得 n 个 a 相乘,即 $a^n = a \times a \times \cdots \times a$。该幂运算的伪代码如图 2.40 所示。

图 2.40 中的这段代码的复杂度为 $O(n)$,当 n 很大时,循环次数就越多,其计算时间也就越长。减少循环次数是优化幂运算的关键。

```
输入:整数 a 和 n。
输出:a^n。
int fastPow0 (int a, int n)
{   int ans = 1;
    for (int i = 1; i <= n; i++)
        ans *= a;
    return ans;
}
```

图 2.40 幂运算的伪代码

算法分析:由于 $a^n = a^{\frac{n}{2}} \times a^{\frac{n}{2}}$(假设 n 为偶数),可以将 a^n 这个大问题分为两个 $a^{\frac{n}{2}}$ 的子问题,这两个子问题是相互独立的。相比较 a^n,求解 $a^{\frac{n}{2}}$ 的循环次数少且计算时间短。

因此,将 a^n 的大问题划分成两个子问题。如果 n 为偶数,则两个子问题的规模为 $\dfrac{n}{2}$;如果 n 为奇数,则两个子问题规模为 $\left\lfloor \dfrac{n}{2} \right\rfloor$,再乘以 a。这种分治方法简称二分快速幂,数学表达式如下。

$$a^n = \begin{cases} (a^{\frac{n}{2}})^2 & n \% 2 = 0 \\ (a^{\lfloor \frac{n}{2} \rfloor})^2 \times a & n \% 2 = 1 \end{cases} \tag{2.15}$$

二分快速幂算法的伪代码如图 2.41 所示，该段代码的复杂度为 $O(\log n)$。

算法分析：按照 n 的二进制表示来划分成子问题，即 n 的二进制数中每一位代表一个子问题，这种分治方法简称二进制快速幂。

下面以 a^{13} 为例说明二进制划分子问题的原理。

十进制的 13 转换为二进制得 $(1101)_2$，故：

$$a^{13} = a^{(1101)_2} = a^{(1000)_2} \times a^{(0100)_2} \times a^{(0001)_2} = a^{8+4+1} = a^8 \times a^4 \times a^1$$

显然：

$$a^1 = a$$
$$a^2 = (a^1)^2$$
$$a^4 = (a^2)^2$$
$$a^8 = (a^4)^2$$

因此为了计算 a^{13}，只需将对应二进制位为 1 的对应项 a^8、a^4、a^1 累乘即可得到。二进制快速幂算法的伪代码如图 2.42 所示。

```
输入：整数a和n。
输出：an。
typedef long long ll;
ll fastPow1(ll a, ll n)
{   if (n == 0) return 1;
    if (n == 1) return a;
    ll ans = fastPow1(a, n / 2); // 分治
    if (n % 2 == 1)
        return ans * ans * a; // 奇数个a
    else
        return ans * ans; // 偶数个a
}
```

图 2.41　二分快速幂算法的伪代码

```
ll fastPow 2(ll a, ll n)
{   ll ans = 1, base = a;
    while(n != 0){
        if(n % 2 != 0) ans *= base;
        base *= base;
        n /= 2;
    }
    return ans;
}
```

图 2.42　二进制快速幂算法的伪代码

此外，还可以采用位运算来优化求解，位运算符如下。

(1) $n\&1$：取 n 的最后一位，并且判断这一位是否需要跳过。

(2) $n\gg 1$：把 n 右移一位，目的是把 n 的最后一位去掉。

如果 n 的最后一位为 1，则继续累乘；反之，跳过累乘。$n\gg 1$ 是将当前处理的最后一位去掉，通过循环直到 n 为 0。基于位运算的二进制快速幂算法的伪代码如图 2.43 所示。

```
ll fastPow3(ll a, ll n)
{   ll ans = 1, base = a;
    while(n != 0)   //指数大于0说明指数的二进制位并没有被左移舍弃完毕
    {   if((n & 1) != 0)   //判断当前二进制数的最后一位是否为1
            ans *= base;
        base *= base;
        n >>= 1;   //当前二进制位右移
    }
    return ans;
}
```

图 2.43　基于位运算的二进制快速幂算法的伪代码

【例 2.11】 计算 $a^n \bmod p, 1 \leqslant a, n, p \leqslant 10^{18}$。

取模运算的性质如下。

(1) 加：$(a+b) \bmod p = ((a \bmod p) + (b \bmod p)) \bmod p$。

(2) 减：$(a-b) \bmod p = ((a \bmod p) - (b \bmod p)) \bmod p$。

(3) 乘：$(a \times b) \bmod p = ((a \bmod p) \times (b \bmod p)) \bmod p$。

根据模运算的性质，在处理快速幂中，对 a^n 取模和先对 a 取模再做幂运算的结果是一样的。快速幂取模的分治法伪代码如图 2.44 所示。

对图 2.44 所示的算法进行优化，采用二进制快速幂和去递归来实现，伪代码如图 2.45 所示。

```
ll fastPow4(ll a, ll n, ll p)
{ if(n==0) return 1;
  if(n==1) return a;
  ll ans = fastPow4(a, n/2, p);   // 分治
  if(n%2==1)
      return ans*ans*a%p; // 奇数个 a
  else
      return ans*ans%p;   // 偶数个 a
}
```

图 2.44　快速幂取模的分治法伪代码

```
ll fastPow5(ll a, ll n, ll p)
{ ll base = a;
  ll ans = 1;
  while (n)
  { if (n & 1) ans = (ans * base) % p;
    base = (base * base) % p;
    n >>= 1;
  }
  return ans;
}
```

图 2.45　优化的快速幂取模算法的伪代码

【例 2.12】 给定一个 $m \times m$ 的矩阵 $\boldsymbol{A}$，求 $\boldsymbol{A}^n$。

矩阵的幂运算和整数的幂运算在分治策略上是相同的，只是矩阵间的乘法运算比整数乘法运算复杂得多。下面回顾矩阵乘法运算，设 $\boldsymbol{B} = \begin{pmatrix} b_{11} & b_{12} \\ b_{21} & b_{22} \end{pmatrix}, \boldsymbol{C} = \begin{pmatrix} c_{11} & c_{12} \\ c_{21} & c_{22} \end{pmatrix}$，两个矩阵相乘得：

$$\boldsymbol{D} = \boldsymbol{B} \times \boldsymbol{C} = \begin{pmatrix} b_{11} & b_{12} \\ b_{21} & b_{22} \end{pmatrix} \times \begin{pmatrix} c_{11} & c_{12} \\ c_{21} & c_{22} \end{pmatrix}$$
$$= \begin{pmatrix} b_{11} \times c_{11} + b_{12} \times c_{21} & b_{11} \times c_{12} + b_{12} \times c_{22} \\ b_{21} \times c_{11} + b_{22} \times c_{21} & b_{21} \times c_{12} + b_{22} \times c_{22} \end{pmatrix} \tag{2.16}$$

图 2.46 所示的代码中定义了矩阵的结构体 Matrix，函数 mat_mul() 用于实现相关矩阵相乘和取模操作。

当把矩阵幂中的矩阵当作一个整数时，可以直接套用快速幂的算法策略。图 2.47 显示了基于位运算的矩阵幂伪代码，它与基于位运算的快速幂算法基本相同。

```
struct Matrix
{ int mat[MAX][MAX]; };
Matrix mat_mul(Matrix a, Matrix b, int m)
{ Matrix ans;
  for (int i = 0; i < m; i++)
      for (int k = 0; k < m; k++)
          for (int j = 0; j < m; j++)
          { ans.mat[i][j] += a.mat[i][k] * b.mat[k][j];
            ans.mat[i][j] %= MOD; }
  return ans;
}
```

图 2.46　矩阵乘法伪代码

```
Matrix matrix_fastpow (Matrix basic, int n, int m)
{ Matrix ans;
  ans ← 单位矩阵;    // 初始化为单位矩阵
  while (n > 0)
  { if (n & 1) ans = mat_mul(ans, basic, m);
    basic = mat_mul(basic, basic, m);
    n >>= 1; }
  return ans;
}
```

图 2.47　基于位运算的矩阵幂伪代码

2.3.9 大整数乘法和 Strassen 矩阵乘法

在 RSA 等公钥密码系统的算法中,大整数乘法是其中的基本操作。采用分治法来设计大整数乘法的算法可获得更好的渐进效果。

【例 2.13】 设 X 和 Y 是两个 n 位十进制数,求 $X \times Y$。

一般情况下,计算 $X \times Y$ 的过程:将 Y 中的每位数分别乘以 X 来计算"部分积",然后将所有部分相加。由于有 n 部分的积,因此这种计算的复杂度为 $O(n^2)$。

算法分析:将乘积分解为多个子乘积问题,然后计算子乘积值的累加和。X 分解为两部分:x_1 代表 X 的前 $\frac{n}{2}$ 部分,x_0 代表 X 的后 $\frac{n}{2}$ 部分。Y 分解为两部分:y_1 代表 Y 的前 $\frac{n}{2}$ 部分,y_0 代表 Y 的后 $\frac{n}{2}$ 部分。如图 2.48 所示,$X = x_1 \times 10^{\frac{n}{2}} + x_0$,$Y = y_1 \times 10^{\frac{n}{2}} + y_0$。

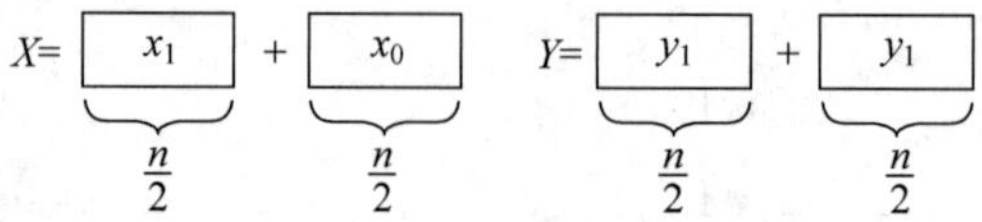

图 2.48 大整数分解

假设 n 为偶数,由图 2.48 可以得到:

$$\begin{aligned} X \times Y &= (x_1 \times 10^{\frac{n}{2}} + x_0) \times (y_1 \times 10^{\frac{n}{2}} + y_0) \\ &= (x_1 \times y_1) \times 10^n + (x_1 \times y_0 + x_0 \times y_1) \times 10^{\frac{n}{2}} + (x_0 \times y_0) \\ &= (x_1 \times y_1) \times 10^n + (x_1 \times y_0 + x_0 \times y_1 + x_0 \times y_0 + x_1 \times y_1 - \\ &\quad (x_0 \times y_0 + x_1 \times y_1)) \times 10^{\frac{n}{2}} + (x_0 \times y_0) \\ &= (x_1 \times y_1) \times 10^n + ((x_1 + x_0) \times (y_1 + y_0) - (x_1 \times y_1) - \\ &\quad (x_0 \times y_0)) \times 10^{\frac{n}{2}} + (x_0 \times y_0) \\ &= z_2 \times 10^n + z_1 \times 10^{\frac{n}{2}} + z_0 \end{aligned} \tag{2.17}$$

故得到:

$$\begin{aligned} z_2 &= x_1 \times y_1 \\ z_0 &= x_0 \times y_0 \\ z_1 &= (x_1 + x_0) \times (y_1 + y_0) - (z_0 + z_2) \end{aligned} \tag{2.18}$$

在这个推导公式中,它的边界条件为:若 $n=1$ 时,返回 $x \times y$;若 $x=0$ 或者 $y=0$ 时,返回 0。以 19 和 14 相乘为例来展示一下算法的设计思想。19 可以写为 $19 = 1 \times 10 + 9$;14 可以写为 $14 = 1 \times 10 + 4$,两数相乘可以写为

$$\begin{aligned} 19 \times 14 &= (1+1) \times 10^2 + ((1+9) \times (1+4) - (1 \times 1 + 4 \times 9)) \times 10 + (4 \times 9) \\ &= 1 \times 10^2 + 13 \times 10 + 36 \\ &= 266 \end{aligned}$$

根据以上分析,设计大整数乘法的算法,伪代码如图 2.49 所示。首先,分别提取两个大

整数的高位部分和低位部分,然后利用式(2.18)来分别计算子问题的解,最后将子问题结果进行合并,得到大整数乘法的解。

```
输入: X, Y, n。
输出: X * Y。
#define SIGN(A) ((A > 0) ? 1 : -1)
int RecursiveMultiply(int X, int Y, int n)
{ int sign = SIGN(X) * SIGN(Y);
  int x = abs(X),  y = abs(Y);
  if(x == 0 || y == 0)  return 0;    //边界条件
  if(n == 1)   return sign * x * y;   //边界条件
  int x1 = (int) x / pow(10, (int)(n / 2));  //X的前半部分
  int x0 = x - x1 * pow(10, n / 2);          //X的后半部分
  int y1 = (int) y / pow(10, (int)(n / 2));  //Y的前半部分
  int y0 = y - y1 * pow(10, n / 2);          //Y的后半部分
  int z2 = RecursiveMultiply(x1, y1, n / 2);
  int z0 = RecursiveMultiply(x0, y0, n / 2);
  int z1 = RecursiveMultiply((x1 +x0), (y1 +y0), n / 2) - z0 - z2;
  return sign * (z2 * pow(10, n) + z1 * pow(10, (int)(n / 2)) + z0);
}
```

图 2.49　大整数乘法算法的伪代码

算法复杂度分析：在式(2.17)中,它把大问题分为 3 个子问题,即 3 个 $\frac{n}{2}$ 位整数乘法; 3 个子问题的合并得到解,该解需要常数次 $O(n)$ 位数的加法,因此得到时间复杂度为

$$T(n) = \begin{cases} O(1) & n = 1 \\ 3T\left(\dfrac{n}{2}\right) + O(n) & n > 1 \end{cases} \quad (2.19)$$

根据主递推式(2.3),令 $a=3, b=2, C(n)=O(n)$,得 $T(n)=\theta(n^{\log_2 3})=\theta(n^{1.59})$。

【例 2.14】 对于任意给定的 n 阶方阵 B 和 C,求 B,C 的积 D。

与式(2.16)相同,对于 D 中的任意元素 $d_{ij}(1 \leqslant i, j \leqslant n)$ 的计算方法如下：

$$d_{ij} = \sum_{i=1}^{n} b_{ik} c_{kj}$$

此计算方法需要内外三层循环来实现,共有 n^3 次乘法运算,故它的算法复杂度为 $O(n^3)$。

1969 年,德国数学家斯特拉森(V. Strassen)提出一种基于分治法的矩阵连乘算法。下面以 2×2 矩阵 B 和 C 为例来展示该算法的设计思想。矩阵 D 为

$$D = B \times C = \begin{pmatrix} b_{11} & b_{12} \\ b_{21} & b_{22} \end{pmatrix} \times \begin{pmatrix} c_{11} & c_{12} \\ c_{21} & c_{22} \end{pmatrix}$$

$$= \begin{pmatrix} m_1 + m_4 - m_5 + m_7 & m_3 + m_5 \\ m_2 + m_4 & m_1 + m_3 - m_2 + m_6 \end{pmatrix} \quad (2.20)$$

其中：

$$m1 = (b_{11} + b_{22}) \times (c_{11} + c_{22})$$
$$m2 = (b_{21} + b_{22}) \times c_{11}$$
$$m3 = b_{11} \times (c_{12} - c_{22})$$

$$m4 = b_{22} \times (c_{21} - c_{11})$$
$$m5 = (b_{11} + b_{12}) \times c_{22}$$
$$m6 = (b_{21} - b_{11}) \times (c_{11} + c_{12})$$
$$m7 = (b_{12} - b_{22}) \times (c_{21} + c_{22})$$

因此，对两个 2×2 矩阵进行相乘计算时，Strassen 算法执行了 7 次乘法和 18 次加减法。

算法分析：B 和 C 是两个 $n \times n$ 矩阵（如果 n 不是 2 的乘方，那么矩阵可以用全 0 的行或者列来填充）。D、B 和 C 分别划分为 4 个 $\frac{n}{2} \times \frac{n}{2}$ 的子矩阵。

$$D = \begin{pmatrix} D_{11} & D_{12} \\ D_{21} & D_{22} \end{pmatrix} = \begin{pmatrix} B_{11} & B_{12} \\ B_{21} & B_{22} \end{pmatrix} \times \begin{pmatrix} C_{11} & C_{12} \\ C_{21} & C_{22} \end{pmatrix}$$
$$= \begin{pmatrix} M_1 + M_4 - M_5 + M_7 & M_3 + M_5 \\ M_2 + M_4 & M_1 + M_3 - M_2 + M_6 \end{pmatrix} \quad (2.21)$$

其中：

$$M_1 = (B_{11} + B_{22}) \times (C_{11} + C_{22})$$
$$M_2 = (B_{21} + B_{22}) \times C_{11}$$
$$M_3 = B_{11} \times (C_{12} - C_{22})$$
$$M_4 = B_{22} \times (C_{21} - C_{11}) \quad (2.22)$$
$$M_5 = (B_{11} + B_{12}) \times C_{22}$$
$$M_6 = (B_{21} - B_{11}) \times (C_{11} + C_{12})$$
$$M_7 = (B_{12} - B_{22}) \times (C_{21} + C_{22})$$

式(2.20)中 b_{11} 是数字，式(2.21)中 B_{11} 是 $\frac{n}{2} \times \frac{n}{2}$ 的子矩阵，但它们的计算方法是相同的。

由上可知，Strassen 矩阵乘法的分治策略如下。

(1) 划分：把 B 矩阵划分为 4 个 $\frac{n}{2} \times \frac{n}{2}$ 的子矩阵，把 C 矩阵也划分为 4 个 $\frac{n}{2} \times \frac{n}{2}$ 的子矩阵。

(2) 运算：根据式(2.22)，递归计算 $M_1, M_2, \cdots, M_7$。

(3) 合并：根据式(2.21)，通过加减运算求 D。

Strassen 矩阵乘法算法的伪代码如图 2.50 所示。

算法复杂度分析：在两个 n 阶方阵相乘时，划分 7 个 $\frac{n}{2}$ 阶子矩阵相乘。对 n 阶方阵来说，每次加减法的计算量都是 $\theta(n^2)$。Strassen 矩阵算法的复杂度为

$$T(n) = \begin{cases} O(1) & n = 2 \\ 7T\left(\frac{n}{2}\right) + \theta(n^2) & n > 2 \end{cases} \quad (2.23)$$

根据主递推式(2.3)，令 $a = 7, b = 2, C(n) = \theta(n^2)$，得 $T(n) = \theta(n^{\log_2 7}) = \theta(n^{2.81})$。

```
输入：n，矩阵B，矩阵C
输出：矩阵D
STRASSEN(n, B, C)
{   if n <=2 输出 B * C;
    将B矩阵划分为4个子矩阵， B11, B12, B21, B22;
    将C矩阵划分为4个子矩阵， C11, C12, C21, C22;
    M1←Strassen(n/2, A11, B12 − B22);
    M2←Strassen(n/2, A11 + A12, B22);
    M3←Strassen(n/2, A21 + A22, B11);
    M4←Strassen(n/2, A22, B21 − B11);
    M5←Strassen(n/2, A11 + A22, B11 + B22);
    M6←Strassen(n/2, A12 − A22, B21 + B22);
    M7←Strassen(n/2, A11 − A21, B11 + B12);
    D11←M5 + M4 − M2 + M6;
    D12←M1 + M2; D21←M3 + M4;
    D22←M1 + M5 − M3 − M7;
    输出 D;
}
```

图 2.50　Strassen 矩阵乘法算法的伪代码

2.3.10　快速傅里叶变换

快速傅里叶变换（Fast Fourier Transform，FFT）在信号处理和图像处理领域有着广泛的应用。它提供了一种从时域到频域的转换方法，使得人们能够更好地理解和处理信号和图像的频谱特征。

对多项式 $A(x) = a_0 + a_1 x + \cdots + a_{n-1} x^{n-1}$ 来说，它可以由两个多项式 $A_{\text{even}}(x)$ 和 $A_{\text{odd}}(x)$ 来表示，其中 $A_{\text{even}}(x)$ 表示 $A(x)$ 的偶数系数，$A_{\text{odd}}(x)$ 表示 $A(x)$ 的奇数系数。具体表达式如下：

$$A_{\text{even}}(x) = a_0 + a_2 x + \cdots a_{n-2} x^{\frac{n-2}{2}}$$

$$A_{\text{odd}}(x) = a_1 + a_3 x + \cdots a_{n-1} x^{\frac{n-2}{2}}$$

即

$$A(x) = A_{\text{even}}(x^2) + x A_{\text{odd}}(x^2) \tag{2.24}$$

式（2.24）将 $A(x)$ 求解问题划分为对两个子问题 $A_{\text{even}}(x)$ 和 $A_{\text{odd}}(x)$ 的求解，体现了分治法的特点。

单位复数根是快速傅里叶变换的基础。在复数域中多项式 $x^n = 1$，它有 n 个不同的复根，分别是 $\omega_n^k = e^{2\pi \frac{k}{n}}$，$k = 0, 1, \cdots, n-1$。设 $x = (\omega_n^0, \omega_n^1, \cdots, \omega_n^{n-1})$，代入 $A(x)$ 得：

$$y_0 = a_0 (\omega_n^0)^0 + a_1 (\omega_n^0) + a_2 (\omega_n^0)^2 + \cdots a_{n-1} (\omega_n^0)^{n-1}$$

$$y_1 = a_0 (\omega_n^1)^0 + a_1 (\omega_n^1) + a_2 (\omega_n^1)^2 + \cdots a_{n-1} (\omega_n^1)^{n-1}$$

$$\vdots$$

$$y_{n-1} = a_0 (\omega_n^{n-1})^0 + a_1 (\omega_n^{n-1})^1 + a_2 (\omega_n^{n-1})^2 + \cdots a_{n-1} (\omega_n^{n-1})^{n-1} \tag{2.25}$$

根据式（2.24），可得：

$$A(\omega_n^k) = A_{\text{even}}(\omega_{\frac{n}{2}}^k) + \omega_n^k A_{\text{odd}}(\omega_{\frac{n}{2}}^k)$$

利用 Euler 公式可得 ω_n^k 的性质：

$$\omega_n^0 = \omega_n^n = 1$$
$$\omega_{2n}^{2k} = \omega_n^k$$
$$\omega_n^{k+\frac{n}{2}} = -\omega_n^k$$
$$\omega_n^{2k} = \omega_n^k$$

故：

$$A(\omega_n^k) = A_{\text{even}}(\omega_n^{2k}) + \omega_n^k A_{\text{odd}}(\omega_n^{2k}) = A_{\text{even}}(\omega_{\frac{n}{2}}^k) + \omega_n^k A_{\text{odd}}(\omega_{\frac{n}{2}}^k)$$

$$A(\omega_n^{k+\frac{n}{2}}) = A_{\text{even}}(\omega_n^{2k+n}) + \omega_n^{k+\frac{n}{2}} A_{\text{odd}}(\omega_n^{2k+n}) = A_{\text{even}}(\omega_{\frac{n}{2}}^k) - \omega_n^k A_{\text{odd}}(\omega_{\frac{n}{2}}^k) \quad (2.26)$$

可以看到 $A_{\text{even}}(x)$ 和 $A_{\text{odd}}(x)$ 都是 $A(x)$ 一半的规模，显然是将大问题分解为两个子问题来递归求解的。计算 $A_{\text{even}}(x)$ 和 $A_{\text{odd}}(x)$ 分别在 $\omega_{\frac{n}{2}}^0, \omega_{\frac{n}{2}}^1, \cdots, \omega_{\frac{n}{2}}^{\frac{n}{2}-1}$ 点的取值，就可以在 $O(n)$ 的时间求出 $A(x)$ 的值。

假设 n 是 2 的倍数，单位根为 $\omega = (\omega_n^0, \omega_n^1, \cdots, \omega_n^{n-1})$，FFT 算法的伪代码如图 2.51 所示。

输入:a=(a₀,a₁,…,aₙ₋₁)和n

输入:y=(y₀,y₁,…,yₙ₋₁)

(1) 如果n==1,返回。

(2) 奇偶分列,A_even(x)和A_odd(x)。

(3) 递归调用FFT(A_even(x),n/2)和FFT(A_odd(x),n/2)。

(4) 根据式(2.26)计算出y=(y₀,y₁,…,yₙ₋₁)。

图 2.51 FFT 算法的伪代码

这段 FFT 代码的复杂度为 $T(n) = 2T\left(\frac{n}{2}\right) + O(n) = O(n\log n)$。

【例 2.15】 多项式乘法：给定 $A(x) = a_0 + a_1 x + \cdots + a_{n-1} x^{n-1}$ 和 $B(x) = b_0 + b_1 x + \cdots + b_{m-1} x^{m-1}$，计算它们的乘积多项式 $C(x) = A(x)B(x)$。

在求解多项式乘积之前，先了解系数表示和点值表示，两种表达方式有助于更好地理解算法。

(1) 系数表示。

$A(x)$ 的次数为 $n-1$，其系数向量为 $(a_0, a_1, \cdots, a_{n-1})$。$B(x)$ 的次数为 $m-1$，其系数向量为 $(b_0, b_1, \cdots, b_{m-1})$。$C(x)$ 的系数向量为 $(c_0, c_1, \cdots, c_{n+m-1})$，它的多项式的系数表示为

$$c_k = \sum_{\substack{(i,j): i+j=k \\ i<n, j<m}} a_i b_j$$

此系数向量还可以如下形式表示，通过沿对角线求和来计算 $C(x)$ 的各个系数值。

$$c_k \leftarrow \begin{bmatrix} a_0b_0 & a_0b_1 & \cdots & a_0b_{m-1} \\ a_1b_0 & a_1b_1 & \cdots & a_1b_{m-1} \\ \vdots & \vdots & \ddots & \vdots \\ a_{n-1}b_0 & a_{n-1}b_1 & \cdots & a_{n-1}b_{m-1} \end{bmatrix}$$

以 $A(x)=2+5x$ 和 $B(x)=6+10x+x^2$ 为例来求解 $C(x)=A(x)B(x)$。$A(x)$ 的项数为 2，$B(x)$ 的项数为 3，所以 $C(x)$ 的项数为 4。具体系数向量元素的计算过程如图 2.52 所示。

$c_0=2\times6=12$，$c_1=5\times6+2\times10=50$，同理计算出 $c_3=52$ 和 $c_3=5$，故 $C(x)=12+50x+52x^2+5x^3$。

通过上述分析，朴素多项式乘法算法的伪代码如图 2.53 所示。

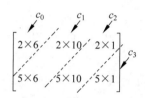

图 2.52 系数向量元素的计算过程

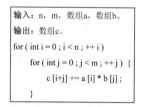

图 2.53 朴素多项式乘法算法的伪代码

该伪代码包含内外两个循环，其时间复杂度是 $O(n^2)$。

(2) 点值表示。

假设 $A(x)$ 是一个 $n-1$ 阶多项式，将一组互不相同的 $(x_0,x_1,\cdots,x_{n-1})$ 分别代入 $A(x)$，通过 $y_i=\sum_{j=0}^{n-1}a_jx_i^j$ $i=0,1,\cdots,n-1$，得到 n 个取值 $(y_0,y_1,\cdots,y_{n-1})$。由 (x_0,y_0) 是 $A(x)$ 曲线上的一个点，则 (x_0,y_0) 是 $A(x)$ 多项式的一个点值对。这 n 个点值对就确定了 $A(x)$ 多项式。

下面仍以 $A(x)=2+5x$ 和 $B(x)=6+10x+x^2$ 为例来说明点值表示法。由于 $A(x)$ 有 2 项，$B(x)$ 有 3 项，所以取 4 个点。当 $x=-2、-1、0、1$ 时，$A(x)$ 点值对为 $(-2,-8)$、$(-1,-3)$、$(0,2)$、$(1,7)$；$B(x)$ 点值对为 $(-2,-6)$、$(-1,-3)$、$(0,6)$、$(1,17)$。$A(x)$ 和 $B(x)$ 乘积的点值对为 $(-2,48)$、$(-1,9)$、$(0,12)$、$(1,139)$，这 4 个点值对就确定了 $C(x)=12+50x+52x^2+5x^3$ 多项式。

因此，假设 $C(x)=A(x)B(x)$，$A(x)$ 的次数为 $n-1$，$B(x)$ 的次数为 $m-1$，$C(x)$ 点值表示的计算步骤如下。

(1) 给定两个多项式 $A(x)$ 和 $B(x)$，要计算 $x=(x_0,x_1,\cdots,x_{n+m-1})$。
(2) 对于每个点 x_i 分别代入 $A(x)$ 和 $B(x)$，得到 $y_i=A(x_i)$ 和 $z_i=B(x_i)$。
(3) 计算 $h_i=y_i\times z_i$。
(4) 重复步骤(2)和(3)，得到 $h=(h_0,h_1,\cdots,h_{n+m-1})$。
(5) $C(x)$ 的点值表示为 $(x_0,h_0),\cdots,(x_{n+m-1},h_{n+m-1})$。

在前面说明了一个多项式的系数表示和点值表示，但没有讨论多项式的特点。下面讨论多项式的特点及点值表示和系数表示间的转换方式。

当给定 x 时,递归求出 $y=A(x)$ 和 $z=B(x)$,通过 y 和 z 点乘得到 h,也就得到了 $C(x)$ 的点值表示。如何将 $C(x)$ 的点值表示转换为系数表示?

下面讨论将多项式从点值表示转换为系数表示的过程。将式(2.25)转换为矩阵形式,如下所示:

$$\begin{pmatrix} y_0 \\ y_1 \\ \vdots \\ y_{n-1} \end{pmatrix} = \begin{pmatrix} (\omega_n^0)^0 & (\omega_n^0)^1 & (\omega_n^0)^2 & \cdots & (\omega_n^0)^{n-1} \\ (\omega_n^1)^0 & (\omega_n^1)^1 & (\omega_n^1)^2 & \cdots & (\omega_n^1)^{n-1} \\ \vdots & \vdots & \vdots & \ddots & \vdots \\ (\omega_n^{n-1})^0 & (\omega_n^{n-1})^1 & (\omega_n^{n-1})^2 & \cdots & (\omega_n^{n-1})^{n-1} \end{pmatrix} \begin{pmatrix} a_0 \\ a_1 \\ \vdots \\ a_{n-1} \end{pmatrix} \quad (2.27)$$

其中:

$$W = \begin{pmatrix} (\omega_n^0)^0 & (\omega_n^0)^1 & (\omega_n^0)^2 & \cdots & (\omega_n^0)^{n-1} \\ (\omega_n^1)^0 & (\omega_n^1)^1 & (\omega_n^1)^2 & \cdots & (\omega_n^1)^{n-1} \\ \vdots & \vdots & \vdots & \ddots & \vdots \\ (\omega_n^{n-1})^0 & (\omega_n^{n-1})^1 & (\omega_n^{n-1})^2 & \cdots & (\omega_n^{n-1})^{n-1} \end{pmatrix} = \begin{pmatrix} 1 & 1 & 1 & \cdots & 1 \\ 1 & \omega_n^1 & \omega_n^2 & \cdots & \omega_n^{n-1} \\ \vdots & \vdots & \vdots & \ddots & \vdots \\ 1 & \omega_n^{n-1} & \omega_n^{2(n-1)} & \cdots & \omega_n^{(n-1)^2} \end{pmatrix}$$

它的逆矩阵为

$$W^{-1} = \frac{1}{n} \begin{pmatrix} 1 & 1 & 1 & \cdots & 1 \\ 1 & \omega_n^{-1} & \omega_n^{-2} & \cdots & \omega_n^{-(n-1)} \\ \vdots & \vdots & \vdots & \ddots & \vdots \\ 1 & \omega_n^{-(n-1)} & \omega_n^{-2(n-1)} & \cdots & \omega_n^{-(n-1)^2} \end{pmatrix} \quad (2.28)$$

多项式 $A(x)$ 的系数表示为

$$\begin{pmatrix} a_0 \\ a_1 \\ \vdots \\ a_n \end{pmatrix} = \frac{1}{n} \begin{pmatrix} 1 & 1 & 1 & \cdots & 1 \\ 1 & \omega_n^{-1} & \omega_n^{-2} & \cdots & \omega_n^{-(n-1)} \\ \vdots & \vdots & \vdots & \ddots & \vdots \\ 1 & \omega_n^{-(n-1)} & \omega_n^{-2(n-1)} & \cdots & \omega_n^{-(n-1)^2} \end{pmatrix} \begin{pmatrix} y_0 \\ y_1 \\ \vdots \\ y_n \end{pmatrix} \quad (2.29)$$

式(2.27)是 FFT,式(2.29)就是逆傅里叶变换(IFFT)。

综上所述,采用 FFT 解决 $A(x)$ 和 $B(x)$ 多项式乘法的过程如图 2.54 所示。算法的具体步骤如下。

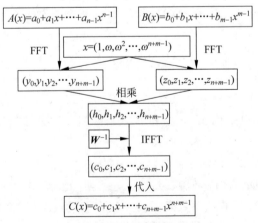

图 2.54 基于 FFT 的多项式乘法

(1) 给出 $n+m-1$ 个单位根 $x=(1,\omega,\omega^2,\cdots,\omega^{n+m-1})$。

(2) 将单位根 x 和多项式系数表示传入 FFT 方法,递归得到 $y=(y_0,y_1,\cdots,y_{n+m-1})$ 和 $z=(z_0,z_1,\cdots,z_{n+m-1})$。

(3) 利用 $h_i=y_i\times z_i, i=1,2,\cdots,n+m-1$,得到 $h=(h_0,h_1,\cdots,h_{n+m-1})$。

(4) 将 W^{-1} 和系数表示 c 传入 IFFT,得到 $c=(c_0,c_1,\cdots,c_{n+m-1})$。

(5) 将 c 代入多项式得 $C(x)$。

如图 2.54 所示,算法的复杂度集中在 FFT。因 FFT 的算法复杂度为 $O(n\log n)$,故多项式乘法的算法复杂度为 $O(n\log n)$,比朴素多项式乘法的算法复杂度 $O(n^2)$ 低。

2.4 小结

递归和分治法是算法设计和问题求解中常用的两种思想方法。

递归的基本思想是将大问题分解成相同或类似的小问题来解决,直到达到边界条件才停止递归。递归的优点是能够简化问题的复杂性,并且可以抽象出问题的共性,使得问题的解决方法具有类似的结构。

递归在实现上通常使用函数的递归调用来实现,代码结构清晰,易于理解。然而,递归也存在一些缺点,如可能导致额外的函数调用开销,耗费较多的内存空间等。

分治法的算法设计重点在于"分"和"治",它有相对较为固定的设计模式及算法分析方法。它将一个大问题划分为多个独立的小问题,将这些小问题分别解决,最后将结果合并以获得整体的解。分治法通常包括三个步骤:分解(将问题划分为子问题)、解决(递归地解决子问题)及合并(将子问题的解合并成原始问题的解)。分治法通常适用于可分解的问题,其中每个子问题可以独立地解决,并且各个子问题的解可以合并。

分治法的优点是能够降低问题的复杂度,提高算法的效率。通过将问题划分为多个相互独立的子问题进行求解,可以减小问题规模,从而简化求解过程。然而,分治法也需要确保子问题独立且可合并,在合并的过程不会引入额外的计算开销。

综上所述,递归和分治都是重要的算法设计思想,它们在解决问题时有着各自的优缺点和适用范围。根据问题的性质和解决要求,选择适合的思想方法可以帮助人们高效地解决问题。

习题

1. 快速排序算法的平均时间复杂度为(   )。
   A. $O(n^{2n})$ B. $O(n\log n)$ C. $O(2^n)$ D. $O(n)$

2. 程序 F1 和 F2 时间复杂度的递推公式如下。

   F1:$T(1)=1, T(N)=T(N/2)+1$。

   F2:$T(1)=1, T(N)=2T(N/2)+1$。

   则下列关于两程序时间复杂度的结论中最准确的是(   )。
   A. 均为 $O(\log N)$ B. 均为 $O(N)$
   C. F1 是 $O(\log N)$,F2 是 $O(N)$ D. F1 是 $O(\log N)$,F2 是 $O(N\log N)$

3. 下列排序算法中有（   ）种用了分治法？
   ①堆排序　②插入排序　③归并排序　④快速排序　⑤选择排序　⑥希尔排序
   A. 5　　　　　　B. 4　　　　　　C. 3　　　　　　D. 2
4. 分治法的设计思想是将一个难以直接解决的大问题分割成规模较小的子问题，再分别解决子问题，最后将子问题的解组合起来形成原问题的解，这要求原问题和子问题（   ）。
   A. 问题规模不相同，问题性质相同
   B. 问题规模相同，问题性质不相同
   C. 问题规模不相同，问题性质不相同
   D. 问题规模相同，问题性质相同
5. 使用分治法求解不需要满足的条件是（   ）。
   A. 子问题必须是一样的
   B. 子问题的解可以合并
   C. 原问题和子问题使用相同的方法求解
   D. 子问题不能重复
6. 给定一个装有 n 枚硬币的袋子，其中有 1 枚是假币，并且假币比真币要轻一些。要求快速地找出这枚假币。
7. 分治法适合解决什么问题？根据分治法的分解原则，把原问题分为多少个子问题才合理？子问题的规模是否相同？如何计算算法复杂度？
8. 给定一个没有重复数字的序列，返回其所有可能的全排列。
9. 给定一个 $m \times n$ 二维整数数组（或者说一个整数矩阵），每行元素从左到右递增，每列元素从上往下递增。给定一个目标值 k，判断 k 是否在这个矩阵内。如果数组中查找到 k，则返回 True；如果查找不到 k，则返回 False。
10. 请利用循环实现 Fibonacci 数列，并分析其算法复杂度。
11. 迷宫招驸马：传说有一座宫殿，宫殿里有一个 $2^n \times 2^n$ 的格子迷宫，公主站在方格 (x,y) 上，只要谁能用地毯将除公主站立的地方外的所有地方盖上，公主就是他的妻子了。"公主"方格不能用地毯盖住，并且每一个方格只能用一层地毯。毯子的形状只有 4 种选择，如图 2.55 所示。请设计并实现追公主的算法。

图 2.55　毯子的 4 种形状

12. Fibonacci 数列 1,1,2,3,5,…，递推公式为 $F(n)=F(n-1)+F(n-2)$。求 $F(n) \bmod 10^4$ 的值，其中 $n>10^8$。提示：
$$(F(n),F(n-1))=(F(n-1),F(n-2)) \times \begin{vmatrix} 1 & 1 \\ 1 & 0 \end{vmatrix} = (1,1) \times \begin{vmatrix} 1 & 1 \\ 1 & 0 \end{vmatrix}^{n-2}$$

13. 设有 $n=2^k$ 个运动员要进行循环赛，现设计一个满足以下要求的比赛日程表。
- 每个选手必须与其他 $n-1$ 名选手比赛各一次。
- 每个选手一天至多只能赛一次。
- 循环赛要在最短时间内完成。

(1) 如果 $n=2^k$,循环赛最少需要进行几天?

(2) 当 $n=2^3$ 时,请画出循环赛日程表。

14. 给定三个整数 a、n、p,求 $a^n \mod p$。

输入格式:一行三个整数,分别代表 a、n、p。

输出格式:输出运算结果。

15. 给定一棵树,每条边有权。求一条简单路径,权值和等于 k,且边的数量最小。

输入格式:第一行包含两个整数 n,k,表示树的大小与要求找到的路径的边权和。
接下来 $n-1$ 行,每行三个整数 u、v、w,代表有一条连接 u 与 v 的无向边,边的权重为 w。注意:点从 0 开始编号。

输出格式:输出一个整数,表示最小边数量。如果不存在这样的路径,输出 -1。

样例输入:

```
4 3
0 1 1
1 2 2
1 3 4
```

样例输出:

```
2
```

16. 课间时间憨憨在纸上画 n 个"点",并用 $n-1$ 条"边"把这 n 个"点"恰好连通。并且每条"边"上都有一个数。接下来由小美和小羊分别随机选一个点,如果两个点之间所有边上的数的和加起来恰好是 3 的倍数,则判小美赢;否则判小羊赢。

小美非常爱思考问题,在每次游戏后都会仔细研究这张图,希望知道对于这张图自己的获胜概率是多少。现求出这个值以验证小美的答案是否正确。

输入格式:

输入的第 1 行包含 1 个正整数 n。后面 $n-1$ 行,每行 3 个整数 x、y、w,表示 x 号点和 y 号点之间有一条边,边上的数为 w。

输出格式:

以既约分数形式输出这个概率(即"a/b"的形式,其中 a 和 b 必须互质。如果概率为 1,输出"1/1")。

输入样例:

```
5
1 2 1
1 3 2
1 4 1
2 5 3
```

输出样例:

```
13/25
```

第 3 章

贪心算法

CHAPTER 3

3.1 贪心算法的思想

贪心算法依循一个简单的原则：在算法的每一个步骤中，总能做出在当前情况下看似最佳的选择，并希望这种局部的最优决策能够促成全局的最优解。这种策略虽然看起来过分简单，甚至有些幼稚，但实际上，在众多场合下，它都能带来意想不到的效果。贪心算法效率高且实现简单。与那些需要深入挖掘所有潜在解决方案的算法不同，贪心算法在大多数情况下仅需线性时间就可以完成任务，尤其是在某些特定问题上，如任务调度、构建最小生成树或货币找零问题，它不但能迅速找到最优解，而且执行效率极高。然而，这并不意味着贪心算法总能找到最优解。在一些场合下，单纯追求局部最优选择可能导致忽视更佳的全局解决方案。因此，在应用贪心策略之前，判断其是否适用于当前问题是至关重要的。

从数学的角度来看，贪心算法是一种基于局部最优选择来寻找全局最优解的策略。在每一步决策中，算法都会选择当前状态下的最优解，而不考虑这一选择可能对未来决策的影响。这可以被视为一个连续的最大化或最小化过程，其中每一步都是基于当前可用信息的最优决策。假设有一个目标函数，函数目标是希望最大化或最小化某个结果。在贪心策略下，不直接求解整体的问题，而是将其分解为一系列子问题，每个子问题都有其对应的局部目标函数。通过每一步最大化或最小化，从而逼近整体的最优解。

贪心算法思想的一个经典实例是硬币找零问题。假设有面额为 1 分、5 分、10 分、25 分的足够数量的硬币，需要给顾客找零，目标是满足顾客的找零金额，并且找零的硬币数量最少。可以将找零过程分解为每次选择一个硬币的多次选择过程。选择策略是每次都选择面额最大的硬币，直到找零的总额达到需要找零的金额。

在第 1 次选择时，有以下 4 种情况。

（1）如果需要找零金额>25 分，那么选择一枚面额为 25 分的硬币，记为选择 1 个 25 分面额的硬币。

（2）如果需要找零金额>10 分，那么选择一枚面额为 10 分的硬币，记为选择 1 个 10 分面额的硬币。

（3）如果需要找零金额>5 分，那么选择一枚面额为 5 分的硬币，记为选择 1 个 5 分面额的硬币。

（4）如果需要找零金额>1 分，那么选择一枚面额为 1 分的硬币，记为选择 1 个 1 分面额的硬币。

第 1 次选择之后如果还未达到找零的总额，则更新剩余的找零金额，令剩余的找零金额＝找零总额－已经选择的硬币金额。然后开始第 2 次选择，同样面临 4 种情况，继续选择直到剩余的找零金额等于 0，此时找零完成。例如，要找零金额为 36 分，贪心算法的步骤如下。

第 1 次，选择一枚面额为 25 分的硬币，剩余需要找零金额为 11 分。
第 2 次，选择一枚面额为 10 分的硬币，剩余需要找零金额为 1 分。
第 3 次，选择一枚面额为 1 分的硬币，剩余需要找零金额为 0。

最后用一枚面额为 25 分的硬币、一枚面额为 10 分的硬币和一枚面额为 1 分的硬币，共三枚硬币找零金额为 36 分。这个过程可以总结为以下 3 个步骤，并且将其推广到其他求解问题。

(1) 建立数学模型来描述问题。找零问题的目标函数是找零的硬币数量最少,并且约束条件的硬币金额加起来等于要求金额。

(2) 把求解的问题分成若干子问题,并对每个子问题求解。在找零问题中,最终目标是找出若干硬币,如果每次只选择一枚硬币,并且每次都是尽可能选择面额大的硬币,则可以使找零的硬币数最少。

(3) 把子问题的局部最优解合成原来问题的一个解。在找零问题中,选择的次数就是最终硬币的数量。

但是并非所有的问题利用贪心算法总能得到全局最优解,适用贪心算法的问题通常需要满足一些条件,即贪心选择性质和最优子结构性质。

3.2 贪心算法的要素

3.2.1 贪心选择性质

贪心选择性质指全局最优解可以通过一系列局部最优解得到。在求解过程中,只需要考虑做出一个看似当前最好的选择,也就是局部最优解,而不需要考虑子问题的解,这样可以简化决策过程。这一点与动态规划算法是有区别的。动态规划算法在每一步都可能会重新考虑以前的决策,如果发现更优的解决方案,则会舍弃以前的选择。贪心选择性质使得每一步都可以做出最优的选择,并且得到的全局解也是最优的。

用数学语言来表述即是考虑一个集合 A,从中选择一个子集 B 来最大化目标函数 $f(B)$。如果存在一个元素 $a \in A$ 满足对于所有包含 a 的子集 B',都有 $f(B') > f(B)$,其中 B 是不包含 a 的任何子集,那么称这个问题具有贪心选择性质。贪心选择性质为贪心算法提供了数学上的正当性,它确保了局部最优的决策可以逐步构建出全局最优解,从而使得贪心算法在某些特定的问题上能够成功地找到最优解。

3.2.2 最优子结构性质

在算法设计与数学优化领域,最优子结构性质是贪心算法与动态规划策略的核心。简而言之,最优子结构性质表明,一个问题的最优解包含了它各个子问题的最优解。动态规划算法利用了最优子结构性质通过存储子问题的解来避免重复工作,这通常称为"记忆化"。这种方法在解决斐波那契数列、最短路径问题等具有重叠子问题的情况时非常有效。而贪心算法则在每一步都做出在当前看来最优的选择,并期望这些局部最优能够导致全局的最优解。在哈夫曼编码、最小生成树等问题中,贪心策略能够确保达到全局最优。

假设有一个优化问题,目标函数为 f,其定义域为解空间 S。如果对于任意 $s \in S$,存在一个子集 $T \subseteq S$(其中 T 是与 s 相关的子问题的解空间),使得 $f(s)$ 可以通过 T 中的元素来计算,那么称函数 f 具有最优子结构性质。这一性质的核心思想在于可以通过解决小规模的子问题来解决大规模的原始问题。这种自下而上的方法允许逐步构建解决方案,并且每一步都基于前一步的结果。

贪心选择性质和最优子结构性质是贪心算法能够成功应用的关键,如果一个问题不能满足这两个条件,那么贪心算法可能无法得到最优解。例如,在背包问题和旅行商问题中,贪心策略并不能保证得到最优解。

3.3 活动选择问题

3.3.1 问题概述

活动选择问题是优化问题的经典示例,它涉及一系列活动。每个活动都有一个开始时间和结束时间,这两个时间是活动是否能够进行的约束条件。优化目标是选择最大数量的活动,并且选择的活动之间没有时间上的冲突。换句话说,没有两个活动是重叠的。

数学上,假设有一组活动 $S=\{a_1,a_2,\cdots,a_n\}$,每个活动 a_i 都有一个开始时间 s_i 和结束时间 f_i。目标是找到一个活动子集 A,使得对于所有在 A 中的活动 a_i 和 a_j,都有 $f_i \leqslant s_j$ 或 $f_j \leqslant s_i$,并且 A 中的元素数量最多。

活动选择问题具有贪心选择性质和最优子结构性质,因此可以使用贪心算法进行求解。在贪心算法中,选择结束时间最早的活动,然后从剩余的活动中选择出与已选择的活动不冲突的活动,重复这个过程,直到没有更多的活动可以选择。值得注意的是,活动选择问题的贪心策略并不总是选择开始时间最早的活动,因为开始时间最早的活动可能会持续很长时间,从而排除了其他许多活动。相反,选择结束时间最早的活动可以为后续活动提供更多的机会。

3.3.2 算法步骤

首先按照活动的结束时间进行排序,然后从前到后选择每个活动,如果一个活动的开始时间大于或等于前一个活动的结束时间,就选择这个活动。

具体的算法步骤及步骤说明如下。

(1) 建立活动表,添加进所有的活动,将所有的活动按照结束时间进行排序。

(2) 建立活动子集,从活动表中选择结束时间最早的活动,将其添加到活动子集中,并从原来的活动表中删除。

(3) 按顺序从活动表剩下的活动中选择开始时间大于或等于上一个被选择活动的结束时间的活动,将其添加到活动子集中。

(4) 重复步骤(3),直到所有的活动都被考虑过。

这个算法的时间复杂度是 $O(n\log n)$,主要是需要对所有的活动进行排序。如果活动已经按结束时间排序,则选择活动的过程是线性的,即 $O(n)$。

3.3.3 案例讲解

【例 3.1】 广东某所学校正在筹备一系列的庆祝活动来庆祝建国 75 周年,由于排练表演节目的需要,学校活动中心收到了 11 个班级的周末使用申请。因为排练场地有限,所以同一时间段内只能有 1 个排练活动。活动中心的负责人必须安排尽可能多的排练活动,确保尽可能多的表演节目得到充分排练。每个排练活动都有一个开始时间和结束时间,表示

为 $(s[i], f[i])$。通过安排不同排练活动的开始时间和结束时间，使得这些活动不会在时间上冲突。所有排练活动的开始时间和结束时间如下：(1,4),(3,5),(0,6),(5,7),(3,9),(5,9),(6,10),(8,11),(8,12),(2,14),(12,16)。

算法分析：首先定义一个活动列表 activities 作为输入，将所有排练活动的开始时间和结束时间都存储进去，每个活动是一个元组，包含开始时间和结束时间。如果采用 C 语言编程，可以定义结构体，代码如下所示。

```
//定义活动结构体,包含开始时间和结束时间
typedef struct {
    int start;
    int finish;
} Activity;
```

所有活动的开始时间和结束时间可以用甘特图来直观表示，如图 3.1 所示。

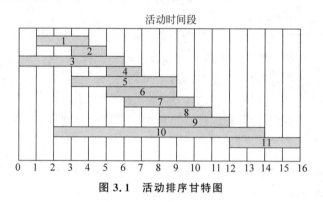

图 3.1 活动排序甘特图

从图 3.1 中可以看出，有些活动的时间段有重叠，意味着这些活动之间是互相冲突的，只能选其中一个。

接着，将活动列表按照活动的结束时间对活动进行排序，C 语言可以使用 qsort() 函数，其他编程语言，如 Python 可以使用 sorted() 函数。初始化一个空的列表 selected_activities，将结束时间最早的活动添加到这个列表中。结束时间最早的活动是活动 1，开始时间是 1，结束时间是 4，因此首先添加到列表 selected_activities 中。

接下来遍历取出活动 1 后的活动列表 activities，对于每个活动，如果它的开始时间大于或等于活动 1 的结束时间，就将它添加到 selected_activities 列表中。剩余活动中，开始时间大于或等于 4 的有活动 4 和活动 6。但因为活动 4 的结束时间更早，在一开始的排序中排在前面，因此首先被选中并添加进列表 selected_activities。此时已选所有活动的结束时间为 7，继续遍历活动列表 activities，找到活动开始时间大于或等于 7 的活动。由于活动列表已经排过序，因此可以从上一次找到活动的位置开始往后遍历，而不需要从头开始。最终找到活动 8，开始时间为 8，大于活动 4 的结束时间。活动 8 的结束时间为 11，开始时间大于这个结束时间的只有活动 11。最终得到的活动顺序列表 selected_activities 是 [(1,4),(5,7),(8,11),(12,16)]。需要注意的是，问题的最优解不止一个时，贪心算法只能找到其中一个解。

活动选择问题的伪代码如图 3.2 所示。

```
输入：activities，活动数组，包含开始时间和结束时间的活动结构体数组
        n，活动的数量
输出：最大的相互兼容的活动集合
void greedyActivitySelector(Activity activities[], int n) {
    // 使用C语言中自带的qsort()函数对活动按结束时间进行排序
    int i = 0;
    printf("(%d, %d), ", activities[i].start, activities[i].finish); // 输出最早结束的一个活动
    for (int j = 1; j < n; j++) {
        // 如果活动的开始时间大于或等于前一个活动的结束时间，则选择该活动
        if (activities[j].start >= activities[i].finish) {
            printf("(%d, %d), ", activities[j].start, activities[j].finish);
            i = j; // 更新i为当前选择的活动
        }
    }
}
```

图 3.2 活动选择问题的伪代码

【例 3.2】 某城市的社区中心计划在周末举办一系列文化活动来庆祝当地的传统节日。由于资源有限，同一时间社区中心的大厅只能容纳一项活动。因此，社区中心的组织者需要仔细安排活动，以确保尽可能多的活动能够进行，让社区居民能享受到丰富多彩的节日氛围。每个活动都有一个固定的开始时间和结束时间。

社区中心收到了 10 个不同小组的活动申请，每个活动都有明确的开始时间和结束时间。组织者的目标是选择最大数量的活动进行，同时确保没有时间上的冲突。所有申请活动的开始时间和结束时间如下。

活动 1：(2,3)。
活动 2：(1,4)。
活动 3：(5,8)。
活动 4：(6,10)。
活动 5：(8,9)。
活动 6：(9,11)。
活动 7：(11,14)。
活动 8：(13,15)。
活动 9：(14,16)。
活动 10：(15,17)。

请根据以上信息设计一个活动时间表，使得在不发生时间冲突的情况下，能够安排尽可能多的活动。

算法分析：首先，将所有活动按照结束时间升序排序。这是因为选择结束时间最早的活动将留给后面尽可能多的时间来安排其他活动。按结束时间排序的活动顺序是：活动 1、活动 2、活动 3、活动 5、活动 4、活动 6、活动 7、活动 8、活动 9、活动 10。接着选择活动。

(1) 选择活动 1(结束于 3)。

(2) 下一个可选的是活动 3(结束于 8),因为它在活动 1 结束后开始。

(3) 下一个可选的是活动 5(结束于 9),因为它在活动 3 结束后开始。

(4) 选择活动 6(结束于 11)。

(5) 选择活动 7(结束于 14)。

(6) 选择活动 9(结束于 16)。

因此,根据贪心算法,最多可以安排 6 个活动,分别是活动 1、活动 3、活动 5、活动 6、活动 7 和活动 9。问题的求解代码如下所示。

```c
#include <stdio.h>
#include <stdlib.h>
//定义活动结构体
typedef struct {
    int start;
    int end;
} Activity;
//比较函数,用于排序
int compareActivities(const void * a, const void * b) {
    Activity * activityA = (Activity *)a;
    Activity * activityB = (Activity *)b;
    return activityA->end - activityB->end;
}
//选择活动的函数
void selectActivities(Activity activities[], int n, Activity selected[]) {
    //基于完成时间排序活动
    qsort(activities, n, sizeof(Activity), compareActivities);
    //最后选择的活动的结束时间
    int last_end_time = -1;
    //被选中活动的数量
    int count = 0;
    //迭代
    for (int i = 0; i < n; i++) {
        if (activities[i].start >= last_end_time) {
            selected[count++] = activities[i];
            last_end_time = activities[i].end;
        }
    }
    selected[count].start = -1;      //标记数组结束
}
int main() {
    Activity activities[] = {{2, 3}, {1, 4}, {5, 8}, {6, 10}, {8, 9}, {9, 11}, {11, 14}, {13, 15}, {14, 16}, {15, 17}};
    int n = sizeof(activities) / sizeof(activities[0]);
    Activity selectedActivities[n];
    selectActivities(activities, n, selectedActivities);
    printf("Selected activities (start, end):\n");
    for (int i = 0; selectedActivities[i].start != -1; i++) {
        printf("(%d, %d)\n", selectedActivities[i].start, selectedActivities[i].end);
    }
    return 0;
}
```

3.4 任务调度问题

3.4.1 问题概述

任务调度问题是计算机科学中的一类经典问题,它涉及如何有效地安排和分配任务,以达到某种优化目标,如最小化完成时间、最大化利润等。在现实生活中,任务调度问题广泛存在,如工厂生产调度、项目管理、CPU 任务调度等。活动选择问题是任务调度问题的一种特殊情况,它关注的是如何在一系列的活动中选择出最多的互不冲突的活动。而任务调度问题考虑的是如何在最短时间内完成所有任务,并且任务调度问题通常需要考虑更多的约束条件或更多的优化目标,如任务的利润或任务的截止时间。

任务调度问题通常是这样的:给定一组任务和多个处理单元,每个处理单元在任何给定的时间段内只执行一个任务。每个任务都有一个开始时间、结束时间和执行时间,每个任务在任何指定的时间段内都只能由一个处理单元执行,即任务不可分割。目标是在最短的时间内完成所有任务。

这个问题可以表示为图 $G=(V,E)$,其中 V 是任务的集合,E 是项目之间的依赖关系,例如只有先完成某些任务后才能完成对应的任务。这是一个 NP-hard 问题,在问题规模比较小时贪心算法往往可以找到最优解。当问题规模较大时,贪心算法虽然可能不是全局最优的,但是在实际应用中往往非常接近全局最优解,而且计算效率高。

3.4.2 算法步骤

使用贪心算法来解决任务调度问题的基本思想是:总是选择下一个可以在当前处理器上执行的结束时间最早的任务。具体的算法步骤及步骤说明如下。

(1) 将所有任务按照结束时间进行升序排序。
(2) 初始化一个空的调度表,用来记录每个处理单元执行的任务。
(3) 对于每个处理单元,执行以下步骤。
① 从排序后的任务列表中选择结束时间最早的任务。
② 检查是否有处理单元可以完成这个任务,如果有,就将这个任务分配给这个处理单元。
③ 将该任务添加到处理单元的调度表中。
④ 从任务列表中移除该任务。
(4) 重复步骤(3),直到所有任务都被调度或没有合适的处理单元可用。

贪心算法在任务调度问题上的算法复杂度与活动选择问题是一样的,主要受排序的影响。如果活动已经按结束时间排序,则选择活动的过程是线性的,即 $O(n)$。如果活动没有排序,则需要首先进行排序,这会使时间复杂度变为 $O(n\log n)$。

3.4.3 案例讲解

【例 3.3】 一家中国软件开发公司为了响应国家关于开发国产工业软件的号召,正在加紧完成研发软件任务。当前有 5 个任务需要完成,每个任务在执行过程中都需要完整占用一个任务小组所有的资源,因此每个任务小组在任何给定的时间内只能执行一个任务。每个任务都有一个任务完成时间和任务截止时间,具体如表 3.1 所示。共有 3 个任务小组,问题的目标是找到所有任务的调度安排,使得所有任务都能在其任务截止时间之前完成,并且尽可能地减少任务完成时间。

表 3.1 任务时间表

任务编号	任务完成时间/周	任务截止时间
任务 1	2	第 4 周
任务 2	5	第 8 周
任务 3	4	第 6 周
任务 4	1	第 3 周
任务 5	3	第 5 周

算法分析:首先定义一个任务列表用于存放任务完成时间和任务截止时间,同时定义任务的数量和任务小组的数量。同样,若是采用 C 语言定义结构体,代码如下所示。

```
//定义任务结构体
typedef struct {
    int execute_time;      //任务完成时间
    int deadline;          //任务截止时间
    int id;                //任务编号
} Task;
```

按照任务截止时间对任务进行排序,经过排序后,任务的排列如表 3.2 所示。

表 3.2 任务排序表

任务编号	任务完成时间/周	任务截止时间
任务 4	1	第 3 周
任务 1	2	第 4 周
任务 5	3	第 5 周
任务 3	4	第 6 周
任务 2	5	第 8 周

然后尝试将每个任务分配给一个任务小组。先遍历每个任务,如果对于当前任务,遍历任务小组发现当前任务小组可以在该任务的截止时间之前完成,则更新任务小组的当前时间并标记任务已分配。每个任务小组的当前时间均为 0,表示为 $t[i]$。每个任务均未被标记。首先遍历任务,对于任务 4,任务小组 1 可以完成,将任务 4 分配给任务小组 1,并更新任务小组 1 的当前时间 $t[1]=1$。接着对于任务 1,任务完成时间等于 2,同样可以分配给任务小组 1,而不会超过任务截止时间。更新任务小组 1 的当前时间 $t[1]=3$。对于任务 5,若指派给任务小组 1 则超过任务截止时间,因此分配给任务小组 2,更新任务小组 2 的当前时间 $t[2]=3$。同样,任务 3 分配给任务小组 3,更新任务小组 3 的当前时间 $t[3]=4$。最后一个任务 2 分配给任务小组 1,更新任务小组 1 的当前时间 $t[1]=8$。实现的伪代码如图 3.3 所示。

```
输入：任务数组；任务数量；任务小组数量
输出：每个任务分配给哪个任务小组
int main(tasks, NUM_TASKS, NUM_GROUPS) {
  int currentTime[NUM_GROUPS] = {0}; // 初始化每个任务小组的当前时间
  bool assigned[NUM_TASKS] = {false}; // 标记任务是否已被分配
  按照任务截止时间对任务进行排序；
  for (int i = 0; i < NUM_TASKS; i++) {
    for (int j = 0; j < NUM_GROUPS; j++) {
      if (currentTime[j] + tasks[i].execute_time <= tasks[i].deadline) {
        printf("Task %d assigned to Group %d\n", tasks[i].id, j + 1);
        currentTime[j] += tasks[i].execute_time; // 更新任务小组的当前时间
        assigned[i] = true; // 标记任务已被分配
        break;
      }
    }
  }
}
```

图 3.3 贪心算法实现任务分配的伪代码

最终任务小组的任务调度如图 3.4 所示。

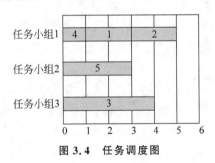

图 3.4 任务调度图

3.5 最小生成树问题

3.5.1 问题概述

最小生成树问题是图论中的一个经典问题,主要出现在网络设计、电路设计、数据通信等领域。这个问题的目标是在一个连通的无向图中找到一棵包含所有顶点的树,使得树中所有边的权重之和最小。以国家为例,一个国家想要连接其所有的城市,使得任何两个城市之间都有一条道路。为了节省成本,国家希望总的建设长度最短。在这种情况下,城市可以被视为图中的顶点,而道路可以被视为连接这些顶点的边。每条道路的建设成本可以被视为边的权重。因此,该问题可以转换为在一个带权的图中找到一棵最小生成树。

解决最小生成树问题的算法有很多,包括 Prim 算法和 Kruskal 算法等。这些算法都是基于贪心策略的,即在每一步中都选择当前最小的边,以此来保证最后得到的生成树的总权重最小。Kruskal算法的工作原理是按照边的权重对所有的边进行排序,并逐个添加到生成树中,直到生成树包含所有的顶点。而Prim算法则从某个顶点开始,并逐步增加权重最小的边,直到所有的顶点都被包含在生成树中。

3.5.2 算法步骤

如果采用Prim算法,具体的算法步骤及步骤说明如下。

(1) 初始化:选择任意一个顶点作为起始点,将其加入最小生成树的集合中。

(2) 边的选择:在图中找到一条连接已在最小生成树集合中的顶点和不在集合中的顶点的权重最小的边。

(3) 顶点的添加:将这条边的另一端点(不在最小生成树集合中的顶点)加入最小生成树的集合中。

(4) 重复步骤:重复步骤(2)和(3),直到所有的顶点都被加入最小生成树的集合。

(5) 完成:当所有的顶点都被加入最小生成树的集合时,算法结束,得到的集合即为图的最小生成树。

Prim算法的时间复杂度取决于它的实现方式。①邻接矩阵:如果使用邻接矩阵表示图并使用简单的线性搜索来查找权重最小的边,则Prim算法的时间复杂度为$O(V^2)$,其中V是顶点的数量。②优先队列:如果使用优先队列,如二叉堆来加速权重最小的边的查找过程,并使用邻接表表示图,则Prim算法的时间复杂度可以降低到$O(E\log V)$,其中E是边的数量。③斐波那契堆:使用斐波那契堆作为优先队列可以进一步降低时间复杂度到$O(E+V\log V)$。

总体来说,Prim算法的时间复杂度与图的表示方式和所使用的数据结构有关。在实际应用中,为了获得更好的性能,通常会选择使用优先队列和邻接表的组合来实现Prim算法。

如果采用Kruskal算法,具体的算法步骤及步骤说明如下。

(1) 排序:将图中的所有边按权重从小到大排序。

(2) 初始化:创建一个空集合,用于存放最小生成树中的边。同时,为每个顶点创建一个单独的集合,表示它们所属的连通分量。

(3) 边的选择:按权重从小到大的顺序考虑每条边。对于每条边,检查它连接的两个顶点是否属于同一个连通分量。

(4) 合并:如果两个顶点不在同一个连通分量中,将这条边加入最小生成树的集合,并合并两个顶点所在的连通分量。

(5) 完成:当最小生成树中的边数达到$(V-1)$(其中V是顶点的数量)或所有的边都被考虑过时,算法结束。

Kruskal算法的时间复杂度主要取决于两个步骤:边的排序和连通分量的合并。排序所有的边需要$O(E\log E)$的时间,其中E是边的数量。使用并查集数据结构可以在近乎$O(1)$的时间内判断两个顶点是否在同一个连通分量中,并在$O(\log V)$的时间内合并两个连通分量,其中V是顶点的数量。

综上,Kruskal 算法的总时间复杂度为 $O(E\log E)$。由于 E 可以达到 V^2 的数量级,所以在稠密图中,这可以简化为 $O(E\log V)$,其中 V 是顶点的数量。但在实际应用中,由于图通常不会太稠密,所以 $O(E\log E)$ 是更常用的表示。

3.5.3 案例讲解

【例 3.4】 每当夏季来临,广东就会迎来用电高峰。为了保证每个地区都能用上电,并且电力部门的维护费用最低,需要设计好城市的电网系统。假设广东某个地方要设计电网系统,已知该地可以分为 6 个区域,每个区域可以看作一个电网节点。连接两个区域的电线可以看作边,电线的长度可以看作边的权值。具体的区域连接示意如图 3.5 所示。在实际的电网设计中,电线的长度反映了电网的建造成本和维护成本。问题的目标是使得所有的区域都能接通电,并且总的电线长度最短。

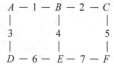

图 3.5 城市区域连接示意

算法分析:首先构建一个邻接矩阵,用于存放各个城市区域之间的距离。采用 Prim 算法来求解,执行以下步骤。

(1) 选择任意一个顶点作为起始点,将其加入最小生成树的集合中。假设选择顶点 A 加入最小生成树的集合。

(2) 在图中找到一条连接已在最小生成树集合中的顶点和不在集合中的顶点的权重最小的边。由于最小生成树集合中只有顶点 A,因此找到权重最小的边 AB,将边 AB 的另一端点 B 加入最小生成树集合中。这部分的实现代码如下所示。

```
//从集合中选择最小值的顶点的函数
    int selectMinVertex(int weight[], bool inMST[]) {
        int min = INF;                    //初始化最小值为无穷大
        int vertex;                       //用于存储权重最小的顶点的索引
        for(int i = 0; i < V; i++) {      //遍历所有顶点
            if(inMST[i] == false && weight[i]< min) { //如果顶点不在最小生成树的集合(MST)中且其
//权重小于当前的最小值
                min = weight[i];          //更新最小值
                vertex = i;               //更新最小权重的顶点索引
            }
        }
        return vertex;                    //返回权重最小的顶点的索引
    }
```

(3) 继续寻找边,此时最小生成树集合中有顶点 A 和 B,因此找到权重最小的边 BC,将边 BC 的另一端点 C 加入最小生成树集合中。

(4) 重复步骤,最小生成树集合中有顶点 A、B 和 C,找到权重最小的边 AD,将边 AD 的另一端点 D 加入最小生成树集合中。

(5) 重复步骤,最小生成树集合中有顶点 A、B、C 和 D,找到权重最小的边 BE,将边 BE 的另一端点 E 加入最小生成树集合中。

(6) 重复步骤,最小生成树集合中有顶点 A、B、C、D 和 E,找到权重最小的边 CF,将边 CF 的另一端点 F 加入最小生成树集合中。

此时,所有的顶点都已经加入最小生成树中,算法结束,最小生成树的连接图如图 3.6 所示。

最终最小生成树集合为{AB,BC,AD,BE,CF},总的权值是 1+2+3+4+5=15。Prim 算法的具体实现代码如下。

```
//   Prim算法的主要实现
   void   prim(int graph[V][V]) {
     int parent[V];                       //用于存储每个顶点的父顶点
     int weight[V];                       //用于存储从 MST 到每个顶点的最小权重
     bool inMST[V];                       //布尔数组,用于标记顶点是否已经在 MST 中
     for(int i = 0; i < V; i++) {         //初始化所有顶点的权重为无穷大,MST 集合为空
        weight[i] = INF;
        inMST[i] = false;
        parent[i] = -1;                   //初始化父节点为-1,表示没有父节点
     }
     weight[0] = 0;                       //将第一个顶点的权重设置为 0,以便从它开始
     for(int i = 0; i < V-1; i++) {       //遍历除一个顶点之外的所有顶点
        int U = selectMinVertex(weight, inMST);           //选择当前权重最小的顶点
        inMST[U] = true;                  //将该顶点标记为已加入 MST
        //更新权重和父节点
        for(int j = 0; j < V; j++) {      //遍历所有顶点
           //如果 U 和 j 之间有边,j 不在 MST 中,且 U 到 j 的权重小于 j 的当前权重
           if(graph[U][j] != 0 && inMST[j] == false && graph[U][j] < weight[j]) {
              weight[j] = graph[U][j];    //更新 j 的权重
              parent[j] = U;              //设置 U 为 j 的父节点
           }
        }
     }
   }
```

图 3.6　最小生成树的连接图

【例 3.5】 在环保和节能的大背景下,一个新开发的生态小镇计划建设一个高效且成本最低的水资源管理系统。小镇被分为 5 个主要区域,每个区域都需要被纳入水资源管理网络。每两个区域之间可以通过管道连接,管道的长度代表建设和维护成本(权值)。为了保证水资源的有效管理,需要将所有区域通过管道网络连接起来,同时保证总的管道长度(即成本)最小。

小镇的区域和管道可能的布局如下所示。

(1) 区域 A 到区域 B 的管道长度为 4 单位。
(2) 区域 A 到区域 C 的管道长度为 1 单位。
(3) 区域 B 到区域 C 的管道长度为 2 单位。
(4) 区域 B 到区域 D 的管道长度为 5 单位。
(5) 区域 C 到区域 D 的管道长度为 8 单位。
(6) 区域 C 到区域 E 的管道长度为 10 单位。
(7) 区域 D 到区域 E 的管道长度为 3 单位。

请设计一个管道网络,使得所有区域都通过管道连接起来,同时总的管道长度最小。这就需要找到覆盖这个小镇的最小生成树。

算法分析:这个问题是一个经典的最小生成树问题,其中节点代表小镇的区域,边代表

区域间的管道，边的权值代表管道的长度。使用 Kruskal 算法来解决最小生成树问题的过程涉及对图中的边进行排序，并依次选择不形成环路的边，直到连接了所有的节点。可以按照以下步骤来求解提出的管道网络问题。

(1) 按照长度排序，边有 $(AC,1),(BC,2),(DE,3),(AB,4),(BD,5),(CD,8),(CE,10)$。

(2) 初始时，每个区域 (A,B,C,D,E) 是一棵独立的树(集合)。按照边的权重顺序，从最小的开始选择边。对于每条边，检查它的两个端点是否属于同一棵树：如果属于不同的树，则选择这条边，并将这两棵树合并为一棵树；如果属于同一棵树，则跳过这条边(选择它会形成环路)。根据这个要求，选择边 AC，合并 A 和 C。接着选择边 BC，合并 B 到 AC 树中。选择边 DE，合并 D 和 E。选择边 AB 被跳过，因为 A 和 B 已经在同一棵树中。选择边 BD，合并 DE 树到 ABC 树中，此时形成了覆盖所有区域的树。

(3) 算法截止，最小生成树包括边 AC,BC,DE,BD。总管道长度 $=1+2+3+5=11$ 单位。

Kruskal 算法的主体求解代码如下。

```c
//Kruskal 算法实现
void kruskal(Edge edges[], int edgesCount, Edge mst[], int *mstSize) {
    //初始化并查集
    for (int i = 0; i < 1000; i++) {
        parent[i] = i;
    }
    //将边按权重升序排序
    qsort(edges, edgesCount, sizeof(Edge), compareEdges);
    *mstSize = 0;
    for (int i = 0; i < edgesCount; i++) {
        int vertex1 = edges[i].vertex1;
        int vertex2 = edges[i].vertex2;
        //选择边构造最小生成树
        if (find(vertex1) != find(vertex2)) {
            unionSet(vertex1, vertex2);
            mst[(*mstSize)++] = edges[i];
        }
    }
}
```

上述实现的代码使用了并查集，C 语言通过使用数组和结构体来实现，对应的方法代码如下。

```c
//定义边的结构体
typedef struct {
    int vertex1;
    int vertex2;
    int weight;
} Edge;
//并查集的父节点数组
int parent[1000]; //假设顶点数量不超过 1000
```

```c
//查找并查集中的根节点
int find(int i) {
    while (parent[i] != i) {
        i = parent[i];
    }
    return i;
}
//合并并查集中的两个集合
void unionSet(int i, int j) {
    int ri = find(i);
    int rj = find(j);
    if (ri != rj) {
        parent[ri] = rj;
    }
}
//边的比较函数,用于排序
int compareEdges(const void * a, const void * b) {
    Edge * edgeA = (Edge * )a;
    Edge * edgeB = (Edge * )b;
    return edgeA->weight - edgeB->weight;
}
```

3.6 单源最短路径问题

3.6.1 问题概述

单源最短路径问题同样也是图论中的一个经典问题,它的目标是在一个带权重的有向图或无向图中,找出从一个指定的源顶点到其他所有顶点的最短路径。在这个问题中,图的顶点可以表示各种实体,如城市、交叉路口等。边可以表示实体之间的连接,如道路、航线等,边的权重可以表示连接的成本,如距离、时间、费用等。

贪心算法在解决这个问题上起到了关键的作用。在单源最短路径问题中,贪心算法在每一步都选择当前距离起始顶点最近的那个顶点,并更新它的邻居的距离。Dijkstra 算法是解决单源最短路径问题的最著名的贪心算法。它从起始顶点开始,逐步选择距离最短的顶点,并更新其邻居的距离。这个过程持续到所有的顶点都被访问为止。

3.6.2 算法步骤

Dijkstra 算法具体的算法步骤及步骤说明如下。

(1) 初始化:将所有顶点标记为未访问。创建两个集合,一个是已经找到最短路径的顶点集合 SPT,另一个是尚未找到最短路径的顶点集合。设置起始顶点的最短路径值为 0,其他所有顶点的最短路径值为无穷大,表示还不知道从起始顶点到其他顶点的距离,这可以通过一个数组或优先队列来实现。将起始顶点添加到 SPT 集合。

(2) 选择最小距离的顶点:从尚未处理的顶点集合中选择一个距离最小的顶点。

(3) 更新距离：对于顶点 u 的每一个未访问的邻居 v，如果起点通过 u 到 v 的距离小于已知的起点到 v 的距离，则更新起点到 v 的距离。

(4) 标记已访问：将当前顶点标记为已访问的顶点，添加到 SPT 集合。

(5) 重复：返回步骤(2)，直到所有的顶点都被访问。

Dijkstra 算法是一种有效解决单源最短路径问题的方法，然而，Dijkstra 算法也有其局限性。当图的边权重有负值时，Dijkstra 算法可能无法找到正确的最短路径，此时应该使用 Bellman-Ford 算法。

Dijkstra 算法的时间复杂度取决于它的实现。若使用邻接矩阵和线性数组来表示图和最短路径集合，时间复杂度为 $O(V^2)$，其中 V 是顶点的数量。若使用优先队列，如二叉堆可以提高算法的效率。当使用优先队列存储未访问的顶点时，每次选择最小距离的顶点的时间复杂度为 $O(\log V)$，并且更新一个顶点的距离也是 $O(\log V)$。因此，对于每条边和每个顶点，算法的总时间复杂度为 $O(E+V\log V)$，其中 E 是边的数量。

3.6.3 案例讲解

【例 3.6】 近期，旅游业开始恢复，旅游景区开始有游客涌入。大多数游客都希望一次游玩可以参观更多的景点，尽量减少在路上的时间。一个景区往往有多个景点，每个景点之间的路线距离不同，有些景点之间还没有直达的路线。因此游客在出行时往往需要考虑选择最短距离的出行路线。假设粤东某旅游景区中有 6 个旅游景点，分别是 A、B、C、D、E 和 F。每个旅游景点之间的距离如图 3.7 所示，其中没有直接相连的两个景点表示对应的两个景点之间没有直达路线。有个外地游客想从景点 A 出发，去往不同景点游玩，请计算他到每个景点的最短路径。

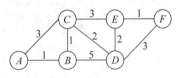

图 3.7 景点距离图

以旅游景点 A 为起点应用 Dijkstra 算法，执行以下步骤。

(1) 将所有顶点标记为未访问，设置起始顶点 A 的最短路径长度为 0，设置其他所有顶点的最短路径长度为无穷大。

(2) 选择最小距离的顶点，初始时只有起点 A 被选择，添加进 SPT 集合。

(3) 更新从起点 A 到其他未访问的邻居顶点的距离。此时起点 A 未访问的邻居有顶点 B 和 C，通过顶点 A 到顶点 B 和 C 的距离 AB、AC 分别为 1 和 3，均小于无穷大。因此更新从顶点 A 到顶点 B、C 的距离 $dist[B]=1, dist[C]=3$。

(4) 选择最小距离的顶点，$dist[B]$ 最小，将顶点 B 添加进 SPT 集合。更新距离，顶点 B 未访问的顶点为 C 和 D，通过 B 到达 C 的距离 $dist[C]=2<3$，更新数据，同理，$dist[D]=1+5=6$。

(5) 继续从尚未处理的顶点集合中选择最小距离的顶点，$dist[C]$ 最小，将顶点 C 添加进 SPT 集合。顶点 C 未访问的顶点为 D 和 E，通过 C 到达 D 的距离 $dist[D]=2+2=4<6$，更新距离。同理，$dist[E]=2+3=5$。

(6) 继续从尚未处理的顶点集合中选择最小距离的顶点，$dist[D]$ 最小，将顶点 D 添加进 SPT 集合。顶点 D 未访问的顶点为 E 和 F，通过 D 到达 E 的距离 $dist[E]=4+2=6>5$，因此不更新。通过 D 到达 F 的距离 $dist[F]=4+3=7$，更新距离。

(7) 继续从尚未处理的顶点集合中选择最小距离的顶点,dist[E]最小,将顶点 E 添加进 SPT 集合。顶点 E 未访问的顶点为 F,通过 E 到达 F 的距离 dist[F]=5+1=6<7,更新距离。

(8) 将剩下的唯一顶点 F 添加进 SPT 集合。所有的站点都被访问,算法结束。最终通过 Dijkstra 算法找到了从 A 点到所有其他景点的最短路径和最短路径长度,如表 3.3 所示。实现的伪代码见图 3.8。

表 3.3 A 点到其他景点路径表

景 点	最短路径长度	最 短 路 径
B	1	A-B
C	2	A-B-C
D	4	A-B-C-D
E	5	A-B-C-E
F	6	A-B-C-E-F

```
输入: 图 G, 起始顶点 src
输出: 起始顶点 src 到所有顶点的距离
void  dijkstra(int graph[V][V], int src) {
    初始化距离数组 dist, 使每个顶点到起始顶点的距离为无穷大
    初始化一个集合 sptSet 表示已经处理的顶点
    距离起始顶点到自己的距离设置为 0
    for (int count = 0; count < V - 1;  count++) { // 对于每个顶点
        从尚未处理的顶点中选择距离最短的顶点 u
        sptSet[u] = 1; // 标记选择的顶点为已处理
        for (int v = 0; v < V; v++) // 遍历所有顶点 v
            // 如果 v 未被处理, 且 u 到 v 有边, 且通过 u 到 v 的距离比当前已知的距离更短
            if (!sptSet[v] &&  graph[u][v] && dist[u] != INT_MAX && dist[u] + graph[u][v]  < dist[v])
                dist[v] = dist[u] +  graph[u][v]; // 更新距离 dist[v]
    }
    printSolution(dist); // 打印结果数组 dist
}
```

图 3.8　伪代码实现 Dijkstra 算法

【例 3.7】 近年来,一个新开发的生态公园吸引了众多游客。这个公园内设有 5 个独特的景点,分别为 X、Y、Z、W 和 V,它们通过不同的路径连接。由于生态保护的原因,一些景点之间没有直接连接的路径。假设一位游客计划从景点 X 开始游览,请计算出这位游客从 X 出发访问所有景点的最短路径及其距离。

已知有相连路径的景点之间的距离如下。

X 到 Y 的距离:6 单位。

X 到 Z 的距离:3 单位。

Y 到 Z 的距离:2 单位。

Y 到 W 的距离:5 单位。

Z 到 Y 的距离:1 单位。

Z 到 W 的距离：3 单位。
Z 到 V 的距离：4 单位。
W 到 V 的距离：2 单位。
V 到 W 的距离：1 单位。

算法分析：如果将每个景点视为一个节点，则路径视为连接这些节点的边。因此整个路径网络可以视为一幅加权图（边的权重是距离），并且还是非完全图（不是每两个节点都有边连接）。目标是找到从景点 X 出发，到达所有其他景点的最短路径，并计算最短路径的距离。

采用 Dijkstra 算法，首先将除节点 X 外的其他节点的最短距离设为无穷大，并使用一个优先队列（或其他结构）来跟踪待处理的节点，以及它们当前的最短距离。最初，队列只包含起点 X。当优先队列非空时，从队列中取出当前距离最短的节点作为当前节点。这部分实现的代码如下所示：

```
int minDistance(int dist[], int sptSet[]) {
    int min = INT_MAX, min_index;  //初始化最小值为最大整数,min_index 为最小距离顶点的索引

    for (int v = 0; v < V; v++)    //遍历所有顶点
        if (sptSet[v] == 0 && dist[v] <= min) //如果顶点 v 未处理且 v 到源的距离小于或等
                                              //于当前最小值
            min = dist[v], min_index = v;  //更新最小值和最小值顶点的索引

    return min_index;              //返回最小距离顶点的索引
}
```

对于当前节点的每一个邻接节点，如果通过当前节点到达邻接节点的路径比已知的最短路径更短，则更新该路径的距离，并将邻接节点加入优先队列，重复这个过程直到优先队列为空。完成后，每个节点的最短距离将被计算出来。相关的代码如下所示：

```
void dijkstra(int graph[V][V], int src) {
    int dist[V];           //dist[i]将保存从 src 到 i 的最短距离
    int sptSet[V];         //sptSet[i]为真如果顶点 i 包含在最短路径树中或最短距离确定
    //初始化所有距离为无穷大,sptSet[]为假
    for (int i = 0; i < V; i++)
        dist[i] = INT_MAX, sptSet[i] = 0;
    //起点到自身的距离总是 0
    dist[src] = 0;
    //找到所有顶点的最短路径
    for (int count = 0; count < V - 1; count++) {
        //从未处理的顶点集合中选择最小距离顶点
        int u = minDistance(dist, sptSet);
        //标记该顶点已经被处理
        sptSet[u] = 1;
        //更新相邻顶点的距离值
        for (int v = 0; v < V; v++)
            if (!sptSet[v] && graph[u][v] && dist[u] != INT_MAX
                && dist[u] + graph[u][v] < dist[v])
                dist[v] = dist[u] + graph[u][v];
    }
    //打印构建的距离数组
    printSolution(dist);
}
```

根据Dijkstra算法的计算结果，从起点 X 到其他节点的最短路径及其距离如下。

X 到 X 的最短距离：0单位（起点）。

X 到 Y 的最短距离：4单位。

X 到 Z 的最短距离：3单位。

X 到 W 的最短距离：6单位。

X 到 V 的最短距离：7单位。

3.7 哈夫曼编码问题

3.7.1 问题概述

在信息论和数据压缩中，哈夫曼编码是一种广泛使用的熵编码技术。它的核心思想是基于字符出现的频率为每个字符分配一个独特的变长编码。频繁出现的字符被分配较短的编码，而较少出现的字符被分配较长的编码。这种方法确保了编码后的数据的平均长度最小，从而实现了数据的有效压缩。哈夫曼编码的优势在于它能够为数据集提供一种高效的编码方式，从而实现数据的有效压缩。此外，由于它是无损的，因此原始数据可以完全恢复，而不会丢失任何信息。这使得哈夫曼编码在许多应用中，如文件压缩、图像压缩和音频压缩等，都得到了广泛的应用。

哈夫曼编码问题可以用一个集合 S 来表示所有的元素，其中每个元素 i 都有一个对应的频率 f_i。需要为每个元素 i 分配一个唯一的编码 c_i，编码的长度为 l_i。目标是最小化整个文件的编码长度，即最小化 $\sum f_i l_i$，其中求和是对所有 $i \in S$ 进行的。

3.7.2 算法步骤

哈夫曼编码的基础是哈夫曼树，也称为最优二叉树。它是一种特殊类型的二叉树，其中每个叶节点都与输入数据中的字符相关联，并且这些字符的频率与其在树中的权重相对应。构建哈夫曼树的过程是一个迭代过程，从创建一个节点列表开始，每个节点代表一个字符及其频率。在每次迭代中，选择两个频率最低的节点并合并它们，直到只剩下一个节点，即树的根节点。一旦哈夫曼树被构建完成，就可以为数据集中的每个数据项分配一个唯一的编码。从根节点到每个叶节点的路径定义了该叶节点对应数据项的哈夫曼编码。通常哈夫曼树的左分支被编码为0，右分支被编码为1。构建哈夫曼树的步骤如下。

(1) 为数据集中的每个项创建一个节点，并将这些节点按照它们的频率排序。

(2) 选择两个频率最低的节点。

(3) 创建一个新的父节点，并将这两个节点作为子节点。新节点的频率是其两个子节点的频率之和。

(4) 从列表中删除这两个节点，并添加新的父节点。

重复步骤(2)~(4)，直到只剩下一个节点，即哈夫曼树的根节点。

哈夫曼编码问题的具体算法步骤如下。

(1) 初始化：为数据集中的每个项创建一个节点，并将这些节点按照它们的频率排序。

这些节点被放在一个优先队列中。

（2）构建哈夫曼树：当优先队列中的节点数量大于 1 时，构建哈夫曼树。

（3）编码：从哈夫曼树的根节点开始，为左分支分配编码 0，为右分支分配编码 1。从根到每个叶节点的路径定义了该叶节点对应项的哈夫曼编码。

（4）解码：从编码的位流开始，从哈夫曼树的根节点开始遍历，根据位流选择左或右分支，直到达到叶节点，从而得到原始数据项。

构建哈夫曼树的时间复杂度是 $O(\log n)$，其中 n 是数据项的数量。这是因为每次从优先队列中取出两个节点并插入一个新节点的操作都需要 $O(\log n)$ 时间，而这个操作需要执行 $n-1$ 次。编码和解码的时间复杂度与输出的编码长度成正比，即 $O(L)$，其中 L 是输出编码的总长度。

3.7.3 案例讲解

【例 3.8】 在当今的数字化世界中，数据量正在以惊人的速度增长。每天都有无数的文本文件被创建并在网络上分享。在一个文本文件中，每个字符都可以被看作一个元素，每个元素都有一个对应的 ASCII 码。然而，不同的字符在文件中出现的频率是不同的。例如，英文中的 e 字符出现的频率最高，而 z 字符出现的频率最低。因此，如果为每个字符分配一个固定长度的编码，那么这将导致一些频繁出现的字符占用了大量的存储空间。为了解决这个问题，需要为每个字符分配一个唯一的编码，使得整个文件的编码长度最小。这样就可以有效地压缩文件，节省存储空间。为了解决这个问题，几位创业的大学生决定开发一个基于哈夫曼编码算法的压缩软件，该软件首先要解决的是文本文件的压缩。假设有一个文本文件包含了以下字符串"ABBRACADABRA"，要为其字符创建哈夫曼编码。

算法分析：首先，需要计算每个字符的频率：{A:5,B:3,R:2,C:1,D:1}。将所有字符按照它们的频率由高到低进行排序，并将它们视为单独的节点，得到{A(5),B(3),R(2),C(1),D(1)}。由于节点的数量大于1，开始构建哈夫曼树。

选择两个频率最低的节点，创建一个新的父节点，并将这两个节点作为子节点。父节点的权重为这两个节点的权重之和，即 C(1)+D(1)=CD(2)，并更新到队列中。现在的节点和它们的权重为{A(5),B(3),R(2),CD(2)}。对应的哈夫曼树如图 3.9 所示。

图 3.9 节点 C 和节点 D 合并

再次选择两个频率最低的节点，创建一个新的父节点，并将这两个节点作为子节点。新的父节点的权重为 R(2)+CD(2)=RCD(4)，并更新到队列中。现在的节点和它们的权重为{A(5),B(3),RCD(4)}。对应的哈夫曼树如图 3.10 所示。

再次选择两个频率最低的节点，创建一个新的父节点，并将这两个节点作为子节点。新的父节点的权重为 B(3)+RCD(4)=BRCD(7)，并更新到队列中。现在的节点和它们的权重为{A(5),BRCD(7)}。对应的哈夫曼树如图 3.11 所示。

最后合并剩下的两个节点，得到根节点的权重为 A(5)+BRCD(7)=ABRCD(12)，并更新到队列中。对应的哈夫曼树如图 3.12 所示。

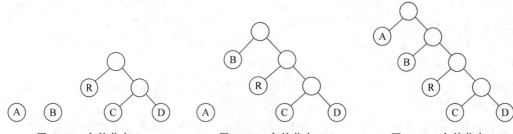

图 3.10　合并节点 R　　　　图 3.11　合并节点 B　　　　图 3.12　合并节点 A

为每个字符分配哈夫曼编码。从根节点到每个叶节点的路径定义了该叶节点对应字符的哈夫曼编码。例如，左分支为 0，右分支为 1，得到一种可能的编码如下：{A:0, B:10, R:110, C:1110, D:1111}。

假设使用固定长度的编码来表示每个字符，由于有 5 个不同的字符{A, B, R, C, D}，因此至少需要 3 位来表示每个字符，因为 2 位只能表示 4 个不同的字符。原始编码可能如下：{A:000, B:001, R:010, C:011, D:100}。字符串"ABBRACADABRA"的长度为 12 个字符。因此，使用原始编码，总长度为 $12 \times 3 = 36$ 位。而对应的哈夫曼编码为 A(0) B(10) B(10) R(110) A(0) C(1110) A(0) D(1111) A(0) B(10) R(110) A(0) = 0 10 10 110 0 1110 0 1111 0 10 110 0。总长度为 25 位，节省了 11 位。

在上面的例子中，如果每个字符的频率为{A:5, B:2, R:2, C:1, D:1}，则合并节点 C 和 D 之后会出现 3 个权重一样的节点，即 B(2)、R(2)和 CD(2)。此时采用不同的合并方式，如合并节点 B 和节点 R，所得到的哈夫曼编码也会不一样。但计算方法是一样的，同样可以有效压缩编码。并且，使用程序求哈夫曼编码时有两种方法：一种是从叶节点一直找到根节点，逆向记录途中经过的标记；另一种是从根节点出发，一直到叶节点，记录途中经过的标记。两种寻找方式带来的哈夫曼编码也可能不一样。实现的伪代码如图 3.13 所示。

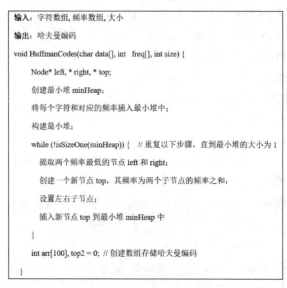

图 3.13　哈夫曼编码伪代码实现

3.8 小结

在实际应用中,贪心算法已被广泛用于各种领域,如网络路由、数据压缩和任务调度等。尽管它不一定总是提供最优解,但由于其高效性,它仍然是许多实际问题的首选方法。在算法设计中,贪心策略的优势在于其简洁性和效率。由于它不需要评估所有可能的解决方案,因此通常比其他算法更快。然而,这种速度的提升往往是以牺牲最终解的完美性为代价的。但在很多情况下,它提供的解决方案是足够好的。在某些情况下,求解最优解的时间复杂度或求解困难度较高,因此快速获得一个较好的近似解也是可以接受的。

总体来说,贪心算法是算法设计中的一个强大工具,它提供了一种简单而高效的方法来解决许多优化问题。然而,使用贪心策略时,必须小心确保问题具有适当的性质,以确保得到的解决方案是有效的。在理解了其基本原理和局限性后,贪心算法可以成为每位算法设计师工具箱中的一个宝贵工具。

习题

1. 在下列(　　)情况下,贪心算法是最有效的?
   A. 当问题的全局最优解可以由局部最优解组成时
   B. 当问题的解空间非常大时
   C. 当问题有多个解时
   D. 当问题需要深度搜索时
2. 以下(　　)问题不适合使用贪心算法?
   A. 分数背包　　　B. 0-1 背包　　　C. 最小生成树　　　D. 最短路径
3. 哈夫曼编码的贪心算法所需的计算时间复杂度为(　　)。
   A. $O(n2^n)$　　　B. $O(nlogn)$　　　C. $O(2^n)$　　　D. $O(n)$
4. 给定一段文本中的 4 个字符(a, b, c, d)。设 a 和 b 具有最低的出现频率。下列(　　)组编码是这段文本可能的哈夫曼编码?
   A. a:000,b:001,c:01,d:1　　　　B. a:000,b:001,c:01,d:11
   C. a:000,b:001,c:10,d:1　　　　D. a:010,b:001,c:01,d:1
5. 用于求最小生成树的 Prim 算法和 Kruskal 算法都是基于(　　)思想设计的算法。
   A. 分治法　　　B. 穷举法　　　C. 贪心算法　　　D. 回溯算法
6. 采用贪心算法的最优装载问题的主要计算量在于将集装箱依其质量从小到大排序,故算法的时间复杂度为(　　)。
   A. $O(n2^n)$　　　B. $O(nlogn)$　　　C. $O(2^n)$　　　D. $O(n)$
7. 下列问题中不能使用贪心算法解决的是(　　)。
   A. 单元最短路径　　　　　　B. N 皇后问题
   C. 最小花费生成树　　　　　D. 背包问题
8. 能用贪心算法求最优解的问题,一般具有的重要性质为(　　)。
   A. 最优子结构　　　　　　　B. 重叠子问题与贪心选择

C. 最优子结构与贪心选择   D. 贪心选择

9. 贪心算法通常适用于(　　)类型的问题。(多选)

A. 当问题的局部最优解也是全局最优解时

B. 当问题可以通过选择当前最好的选项来解决时

C. 当问题的解决方案需要回溯时

D. 当问题的解决方案可以通过解决子问题来得到时

10. 在老电影《007之生死关头》中有一个情节,007被毒贩抓到一个鳄鱼池中心的小岛上,他通过直接踩着池子里一系列鳄鱼的大脑袋跳上岸逃脱。设鳄鱼池是长宽分别为100米的方形,中心坐标为$(0,0)$,且东北角坐标为$(50,50)$。池心岛是以$(0,0)$为圆心、直径为15米的圆。给定池中分布的鳄鱼的坐标,以及007一次能跳跃的最大距离,需要告诉他是否有可能逃出生天。请设计一个判断算法。

11. 一位家长想要给孩子们一些小饼干,但是每个孩子最多只能给一块饼干。对每个孩子i,都有一个胃口值$g[i]$,这是能让孩子们满足胃口的饼干的最小尺寸。并且每块饼干j,都有一个尺寸$s[j]$。如果$s[j] \geqslant g[i]$,可以将这个饼干j分配给孩子i,这个孩子就会得到满足。目标是尽可能满足尽量多数量的孩子,并输出这个最大数值。

12. 鼹鼠是整洁、勤劳的动物,喜欢把它们的地下住所安排得井井有条。为了实现这一点,鼹鼠用隧道将地下各个洞穴连接起来,这样就有了一种从一个洞穴到任何其他洞穴的独特方式。两个洞穴之间的距离是从一个洞穴到另一个洞穴途中经过的其他洞穴数量。问鼹鼠应该如何用隧道连接,才能使最远的两个洞穴之间的距离尽可能小,并且仍然可以从其他洞穴到达每个洞穴。

13. 给定一个长度为n的整数数组height。有n条垂线,第i条线的两个端点是$(i,0)$和$(i,\text{height}[i])$。找出其中的两条线,使得它们与x轴共同构成的容器可以容纳最多的水,要求不能倾斜容器。最终返回容器可以存储的最大水量。

14. 学校的会议中心每天都会有许多活动,有时这些活动的计划时间会发生冲突,需要选择出一些活动进行举办。小刘的工作就是安排学校会议中心的活动,每个时间最多安排一个活动。现在小刘有一些活动计划的时间表,他想尽可能安排更多的活动,请问他该如何安排。

输入格式:

第一行是一个整型数n,表示共有n个活动。

随后的n行,每行有两个正整数$B_i,E_i(0 \leqslant B_i,E_i < 10\,000)$,分别表示第$i$个活动的起始时间与结束时间($B_i \leqslant E_i$)。

输出格式:

输出最多能够安排的活动数量。

输入样例:

```
3
1 10
9 11
11 20
```

输出样例:

```
2
```

第4章

回溯算法

CHAPTER 4

4.1 回溯算法的思想

回溯算法属于搜索法的一类算法,主要特点是在搜索过程中根据某个条件回溯,再开启新的搜索,如此不断地重复,直至找到满足要求的一个解或所有解。本章通过从易到难的几个算法实例阐述在回溯算法中如何构建搜索空间和在此空间中进行的一般搜索。也会讲述在搜索过程中如何回溯,以及如何判断已找到满足要求的解。

【例 4.1】 简单全排列问题:对于集合 $S=\{1,2,3\}$,求它的 3 个元素的全排列。

这个问题比较简单,列出它的所有解为[1,2,3]、[1,3,2]、[2,1,3]、[2,3,1]、[3,1,2]、[3,2,1],共 6(3!)组排列。

在算法的学习中,代码实践是非常重要的。将自己的思路写成代码,经过不断调试最终获得成功是必要的过程。先使用 3 个 for 循环来求解这个简单问题的全排列,源码如下:

```cpp
#include <iostream>
int main() {
  int nums[] = {1, 2, 3};
  for (int i = 0; i < 3; i++) {
    for (int j = 0; j < 3; j++) {
      if (j == i) continue;
      for (int k = 0; k < 3; k++) {
        if (k == i || k == j) continue;
        std::cout << nums[i] << " " << nums[j] << " " << nums[k] << std::endl;
      }
    }
  }
  return 0;
}
```

本章使用这个简单的算法问题和代码阐述什么是搜索空间、什么是搜索方法,以及如何找到满足解。上述示例中求全排列$[x_1,x_2,x_3]$,因为x_1,x_2,x_3在$\{1,2,3\}$中任选,所以可能解有 27 种(3×3×3),这 27 种可能解构成了可能解空间,在搜索算法中被称为搜索空间。此空间中的可能解,有一些满足要求,有一些不满足要求,所以称为可能解空间,但是可以确定所有的满足解都在这个空间中。算法判断搜索空间中的每一个可能解是否满足要求,称为搜索(也叫遍历)。但是搜索,尤其是高效率的搜索是不容易的,需要依赖可能解空间的结构。下面用一个生活中的例子来说明可能解空间结构和搜索效率的密切关系。

假设有一栋住宅楼,楼高 6 层,两个单元,每单元两户,共 2×2×6=24 户。用 1-101 表示 1 单元 1 层第一户,2-302 表示 2 单元 3 层第二户,依次编码。现要做人口普查,每家都要调查到,普查员将如何遍历此楼的所有住户?一般的调查方法如下:从 1 单元 1 层开始每层两户,逐层到顶楼,再从顶楼下到 1 层,到 2 单元开展如此的调查。调查员不会从 1 单元 1-101 跑 2 单元到 2-101,再跑回 1-102,用如此方法访问一遍各住户。因为前面给出的是最佳遍历方法(这里的最佳遍历指所走的路最短)。如果加一个假设,两个单元的顶楼是连通的。那么从 1 单元 1 层开始每层两户,逐层到顶楼,从顶楼直接到 2 单元,再到 2 单元逐层下到1层的调查方法是最优的。这是因为住宅楼的结构发生了一点变化,所以高效率的搜索方法依赖可能解空间的好结构,结构是问题的核心。

回到前面的{1,2,3}的全排列问题和代码,算法构造了3×3×3=27个可能解,如何把27个可能解高效率地遍历一遍?可以在结构上把它们分成3层,每层3个,先遍历内层,再遍历外层,根据这样的结构得到一个合理的搜索。也可以把27个可能解构成单层从1到27的结构,但是构造这种结构中的每一个可能解是个问题,所以要综合考虑构造每一个可能解、组织所有可能解的结构、依赖结构获得高效率的搜索,从而取得更好的效果。3元素集合$S=\{1,2,3\}$的全排列可能解空间的一个组织结构可能如图4.1所示。

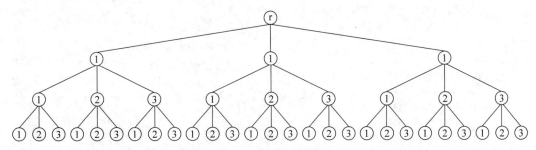

图4.1 可重复的全排列树

使用3层全排列树的结构利于理解算法代码的动态执行过程。一层树对应一个for循环,最里面的for循环相当于对应最深一层子树的遍历。在遍历的过程中,生成可能解的同时检查是否满足要求,例如,生成排列1-1-X时,检查它们是不满足要求的可能解,就直接跳到下一个1-2-X,不再进入下一层循环。这个动作在树的遍历中称为剪枝,即不再遍历这棵子树。注意,实际代码中没有这棵树的数据结构。希望大家能理解代码的静态结构和可能解空间的树结构之间的关系,尤其是理解树的遍历过程和代码动态执行过程的对应关系。

至此,通过一个简单的全排列问题和代码阐述了如何构造可能解,如何用好的结构把所有可能解组织成一个空间,以及如何在可能解空间里进行搜索(遍历);并引入了树结构来组织全排列问题的所有可能解,通过树的遍历来理解代码的动态运行过程。

4.2 排列问题

现在把问题拓展为对于集合$S=\{1,2,3,\cdots,N\}$,求它的N元素的全排列。按照前面简单问题的求解方法,把代码改成N层for循环似乎也是可以的,但是代码的通用性就没有了。构造$N \cdot N \cdots N = N^N$个可能解,像前面一样把它们组织成高度为N的树(可能解空间),通过遍历这棵树得到N元素的全排列。从方法上与前面的3个元素全排列是一样的,只是前面的代码结构不适用,需要一个统一且灵活的代码结构。

【例4.2】 使用回溯算法求解集合S的全排列。结构统一的回溯算法的源码如下:

```
#include <vector>
#include <iostream>
class Permutations {
private:
```

```cpp
    std::vector<int> nums;                          //输入的数组
    std::vector<bool> visited;                      //记录数组中的元素是否被访问过
    std::vector<std::vector<int>> results;          //存储所有的排列结果
public:
    //构造函数,初始化输入数组、访问记录数组和结果列表
    Permutations(const std::vector<int>& nums)
        : nums(nums), visited(nums.size(), false) {}
    //设置输入数组的方法,同时会重置访问记录数组和结果列表
    void setNums(const std::vector<int>& nums) {
        this->nums = nums;
        this->visited.assign(nums.size(), false);
        this->results.clear();
    }
    //求解全排列的方法
    std::vector<std::vector<int>> solve() {
        if (nums.empty()) {
            return results;
        }
        std::vector<int> permutation;
        backtrack(permutation);
        return results;
    }
private:
    //回溯算法,用于生成所有的排列
    void backtrack(std::vector<int>& permutation) {
        //如果当前的排列已经包含了所有的元素,那么就找到了一个新的排列
        if (permutation.size() == nums.size()) {            //代码1
            results.push_back(permutation);
            return;
        }
        //对于每一个没有被访问过的元素,尝试将其添加到当前的排列中
        for (size_t i = 0; i < nums.size(); i++) {          // 代码2
            if (visited[i]) {
                continue;
            }
            visited[i] = true;
            permutation.push_back(nums[i]);
            //递归地生成剩余元素的所有排列
            backtrack(permutation);                         //代码3
            //回溯,撤销当前的选择
            visited[i] = false;                             //代码4
            permutation.pop_back();
        }
    }
};
```

算法分析: 一棵有 N^N 个节点的可能解全排列树,代码的运行过程对应这棵树的遍历过程,称为深度优先搜索(DFS),如图 4.2 所示。实际满足解只有 $N!$ 个,远小于 N^N 个,需要剪枝。

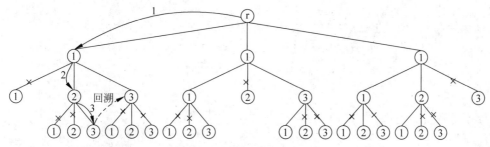

图 4.2 需要剪枝的全排列树

在代码的注释中,代码 1、代码 2、代码 3 和代码 4 代表了不同的代码块,这些代码块的具体作用如下。

(1) 代码 1:判定找到一个满足解,将其加入结果列表。

(2) 代码 2:开始对某一层树的元素依次遍历,先访问第一个元素,将其加入已访问数组和全排列的中间结果序列中。

(3) 代码 3:递归调用 backtrack() 方法,开启遍历刚访问的元素为根节点的子树。注意,这个方法调用完成后,表示遍历完这棵子树。

(4) 代码 4:前面的 backtrack() 方法运行完毕,遍历完这棵子树,这棵子树的根节点访问完毕,将要访问这个元素的右兄弟(同一个父节点)。先把这个元素标识为未访问,并将其从全排列的中间结果中删除。

剪枝动作可避免无效搜索。在代码 2 后面的 if 语句处,如果元素已在访问序列中,则不能被再次访问,即由它引导的子树被完全剪枝。

这是经典的基于 DFS 遍历方法的回溯算法代码结构。

基于以上代码,读者可以把这个问题的所有可能解(N^N 个)、所有可能解空间(树结构)、空间的搜索(树的遍历)、空间的跳跃(树的剪枝)、找到满足解等多个概念再自行总结一下。它们构成一个通用的算法框架。

后续将使用这个算法框架求解一些问题。

【例 4.3】 对于集合 $S=\{1,2,3,\cdots,N\}$,求它的 N 个元素的 $m(m \leqslant N)$ 全排列。

这个问题是全排列问题的一个变形,也被称为排列组合问题。从 N 个元素中选出 m 个元素,并求这 m 个元素的所有排列。这个问题与 N 元素全排列问题非常类似,但是,需要添加一个新的满足解条件(终止条件):当排列中的元素数量达到 m 时,就找到了一个新的 m 排列。它的回溯算法的源码如下:

```
#include <vector>
#include <iostream>
class Permutations {
private:
    std::vector<int> nums;                        //输入的数组
    int m;                                         //排列中的元素数量
    std::vector<bool> visited;                    //记录数组中的元素是否被访问过
    std::vector<std::vector<int>> results;        //存储所有的排列结果
```

```cpp
public:
    //构造函数,初始化输入数组、访问记录数组和结果列表
    Permutations(const std::vector<int>& nums, int m)
        : nums(nums), m(m), visited(nums.size(), false) {}
    //求解全排列的方法
    std::vector<std::vector<int>> solve() {
        if (nums.empty()) {
            return results;
        }
        std::vector<int> permutation;
        backtrack(permutation);
        return results;
    }
private:
    //回溯算法,用于生成所有的排列
    void backtrack(std::vector<int>& permutation) {
        //如果当前的排列已经包含了所有的元素,那么就找到了一个新的排列
        if (permutation.size() == m) {
            results.push_back(permutation);
            return;
        }
        //对于每一个没有被访问过的元素,都尝试将其添加到当前的排列中
        for (size_t i = 0; i < nums.size(); i++) {
            if (visited[i]) {
                continue;
            }
            visited[i] = true;
            permutation.push_back(nums[i]);
            //递归地生成剩余元素的所有排列
            backtrack(permutation);
            //回溯,撤销前面的选择
            visited[i] = false;
            permutation.pop_back();
        }
    }
};
```

以上代码的主要思想和全排列问题的解决方法类似,只是添加了一个新的终止条件。这就是回溯算法的强大之处:通过修改终止条件和选择策略,就可以使用同一种算法框架来解决许多不同的问题。

排列问题的回溯算法求解是算法设计中的一个经典方法,它通过构造排列树并基于DFS遍历这棵树来找到问题的解。这种方法遵循一个通用框架,首先是排列树的构造,然后是对这棵树的遍历,这个过程可以用前面提到的通用代码结构来描述。

在使用回溯算法求解具体的排列问题时,首先需要分析问题是否可以归类为排列问题。如果问题的解决方案涉及一组元素的全排列,并且这些元素的排列顺序对最终结果有重要影响,那么这类问题通常被认为是排列问题。例如,N 皇后问题和旅行商问题(TSP)就是典型的排列问题。

对于这类问题,算法的求解过程通常遵循以下步骤:首先,基于求解问题的具体性质构造排列树。这棵树的每个节点代表了元素参与的一个可能排列。接下来,通过 DFS 遍历这棵树,探索每一种可能的排列。在这个过程中,根据问题的特定要求进行回溯和剪枝,以排除那些不可能成为解的部分。这样的剪枝步骤对于减少搜索空间和提高算法效率至关重要。

最终,当遍历到排列树的叶节点时,得到问题的一个可能解。通过遍历所有可能的路径,能够找到问题的所有可能解或者最优解。这个方法的关键在于如何有效地构造排列树和对树进行有效的搜索和剪枝,这直接关系到算法的性能和求解的质量。

4.3 组合问题(子集问题)

现实的算法问题中还有一大类问题,它们的最终解与元素顺序无关,但与是否包含某些元素有关,这类算法问题被称为组合问题。

【例 4.4】 对于集合 $S=\{1,2,3,\cdots,N\}$,求解集合 S 的所有可能组合(集合 S 的所有子集)。

对这个子集问题也采用前面介绍的回溯算法框架:构造可能解树、DFS 遍历这棵树、设置终止条件。

参考代码如下:

```cpp
#include <vector>
#include <iostream>
class Subsets {
private:
    std::vector<int> S;                          //输入集合
    std::vector<int> currentSubset;              //存储当前子集的队列
    std::vector<std::vector<int>> result;        //存储所有找到的子集

public:
    //构造函数,设置输入集合
    Subsets(const std::vector<int>& S) : S(S) {}
    //解决子集问题并获取所有子集的方法
    std::vector<std::vector<int>> solve() {
        dfs(0);
        return result;
    }
private:
    //dfs()函数用于遍历所有可能的子集
    void dfs(int index) {
        //如果索引等于集合的长度,表示已经考虑了所有元素
        if (index == S.size()) {
            result.push_back(currentSubset);     //添加当前子集到结果中
            return;
        }
        //选择不包括当前元素在子集中
```

```
            dfs(index + 1);

            //选择包括当前元素在子集中
            currentSubset.push_back(S[index]);
            dfs(index + 1);
            //回溯,移除最后一个元素
            currentSubset.pop_back();
        }
};
```

3 个元素的集合 $S=\{1,2,3\}$ 的组合树如图 4.3 所示。

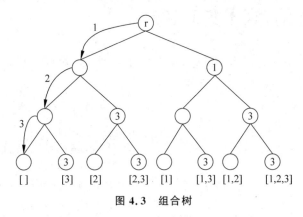

图 4.3 组合树

组合树是一棵满二叉树,与前面的排列树不同。排列树和组合树各自的特点是什么? 树节点的孩子数量和树的高度与什么有关?

在每一步,算法都尝试将当前元素添加到组合中,然后递归地处理剩余的元素。当处理完所有的元素后,就找到了一个新的组合,并将其添加到结果列表中。最后,需要撤销当前的选择(也就是将最后一个添加的元素移除),这就是回溯的过程。

这个代码展示了回溯算法的基本思想:算法尝试每一种可能的选择,如果当前的选择不能得到一个解,那么就撤销这个选择,然后尝试下一个可能的选择。

【例 4.5】 对于输入集合 $S=\{1,2,3,\cdots,N\}$,求解集合 S 的所有 $m(m\leqslant N)$ 个元素的组合(子集)。基于例 4.4 把问题拓展一下,但还是可以采用子集问题的回溯算法,只是修改了终止条件。

源码如下:

```
#include <vector>
#include <iostream>
class SubsetsOfSizeM {
private:
    std::vector<int> S;                        //输入集合
    std::vector<int> currentSubset;            //存储当前子集的队列
    std::vector<std::vector<int>> result;      //存储所有找到的子集
    int m;                                     //子集的目标大小
public:
```

```cpp
    //构造函数,设置输入集合和子集的目标大小
    SubsetsOfSizeM(const std::vector<int>& S, int m) : S(S), m(m) {}
    //解决子集问题并获取所有子集的方法
    std::vector<std::vector<int>> solve() {
        dfs(0);
        return result;
    }
private:
    //dfs()函数用于遍历所有可能的子集
    void dfs(int index) {
        //如果当前子集大小为 m,则添加到结果中并返回
        if (currentSubset.size() == m) {
            result.push_back(currentSubset);
            return;
        }
        //如果索引等于集合的长度,返回
        if (index == S.size()) return;
        //选择不包括当前元素在子集中
        dfs(index + 1);
        //选择包括当前元素在子集中
        currentSubset.push_back(S[index]);
        dfs(index + 1);
        //回溯,移除最后一个元素
        currentSubset.pop_back();
    }
};
```

算法分析：从集合的第一个元素开始,每次都有两种选择,要么选择这个元素,要么不选择这个元素。然后递归地处理剩余的元素。当组合中的元素数量达到 m 时,就找到了一个新的组合。

组合问题的回溯算法求解是另一个算法设计的重要应用,它主要用于找出一组元素的所有可能组合。这种方法同样遵循一个通用框架,包括组合树的构造和通过 DFS 对这棵树的遍历。这个过程可以对应组合问题的通用代码结构。

在解决特定的组合问题时,关键是要识别问题是否可以被视为组合问题。组合问题通常涉及从一组元素中选择若干元素,而与元素的选择顺序无关,这与排列问题的主要区别在于排列问题强调元素的顺序。如子集问题、组合求和问题、0-1 背包问题等都是典型的组合问题。

对于组合问题,求解过程通常按以下步骤进行。首先,根据问题的特点构造组合树,其中每个节点代表一个元素是否参与这个组合。然后,通过 DFS 对这棵树进行遍历,探索每一种可能的组合。在遍历过程中,根据问题的特定要求执行回溯和剪枝操作,排除不符合条件的组合。这种剪枝步骤对于缩减搜索空间和提升算法效率是非常关键的。

当遍历到组合树的叶节点时,算法找到一个可能的解决方案。通过遍历组合树的所有路径,就可以找到问题的所有可能解。这种方法的核心在于如何高效地构造组合树,以及如何在树上进行高效的搜索和剪枝,这直接影响到算法的性能和解决方案的有效性。

接下来将继续深入探讨排列问题和组合问题的回溯算法应用,通过几个具体的例子来展示这两种方法的运用。对于排列问题,探讨经典的 N 皇后问题,其中需要在棋盘上安排皇后,使得它们互不攻击。这个问题的解决方案涉及皇后的所有可能排列,并且每种排列都需要通过回溯算法来检验是否有效。而对于组合问题,探讨 0-1 背包问题,它要求在不超过背包最大承重的情况下,从一系列具有不同质量和价值的物品中选择出最优组合。在这种情况下,关键在于如何有效地通过回溯来探索所有可能的物品组合,并计算出最大的价值。通过这些例子的分析,不仅可以更好地理解回溯算法的工作原理,还能够学习如何将这些原理应用于解决实际问题。

4.4 N 皇后问题

【例 4.6】 给定一个 $N \times N$ 的棋盘,需要在棋盘上放置 N 个皇后。皇后的放置必须满足一个条件:任意两个皇后不能处在同一行、同一列或同一对角线上。这意味着每个皇后都不能攻击到其他的皇后。

算法分析:随着 N 的增大,皇后的排列组合呈指数级增长,这使得问题非常具有挑战性,特别是在手动寻找解决方案时。对于较大的 N 值,问题的解决通常需要使用算法和计算机程序来进行搜索和优化。

棋盘上一行只能放置一个皇后,用 N 元数组下 board[1:n] 表示 N 皇后问题的解,其中,board[i] 表示皇后 i 放在棋盘的第 i 行的第 board[i] 列。由于不允许将两个皇后放在同一列上,所以解向量中的 board[i] 互不相同。皇后 i 所在的列为 board[i],皇后 k 所在的列为 board[k],两个皇后不在同一斜线上,这意味着 abs($i-k$)≠abs(board[i]−board[k]),其中 abs() 为绝对值函数。

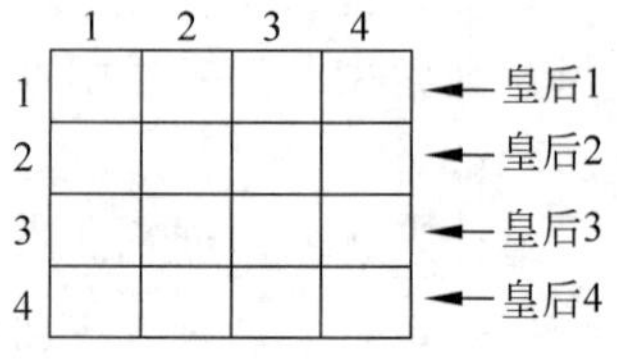

为了简化问题,下面讨论 4 皇后问题,如图 4.4 所示。皇后 1 就在第 1 行,皇后 2 在第 2 行,以此类推。

棋盘的每一行都有 4 个可能的位置放置皇后,故 4 皇后问题的解空间树是一棵完全 4 叉树,如图 4.5 所示。树的根节点表示搜索的初始状态,从根节点到第 2 层节点对应皇后 1 在棋盘中第 1 行的可能摆放位置,从第 2 层节点到第 3 层节点对应皇后 2 在棋盘中第 2 行的可能摆放位置,以此类推。

图 4.4 4×4 棋盘

回溯算法求解 4 皇后问题的搜索过程如图 4.6 所示。从解空间树的根节点开始,搜索皇后 1 位于第 1 列的子树,不同列和不同斜线的限制,搜索皇后 2 在第 3 列上的子树,因同列和同斜线问题无法放置皇后 3,故搜索回溯到皇后 2 位于第 4 列,同样无法放置皇后 3,继续回溯到根节点。搜索进入皇后 1 位于第 2 列的子树,继续搜索皇后 2 位于第 4 列的子树,皇后 3 位于第 1 列的子树,搜索到皇后 4 位于第 3 列的叶节点时,得到 4 皇后问题的一个解。

回溯算法求解 N 皇后问题的效率主要集中在搜索解空间树中的节点上,剪枝函数可以避免无效的搜索,提高算法的搜索效率。

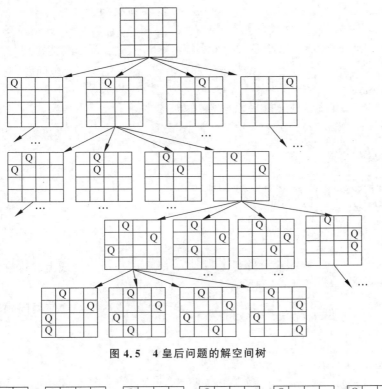

图 4.5 4 皇后问题的解空间树

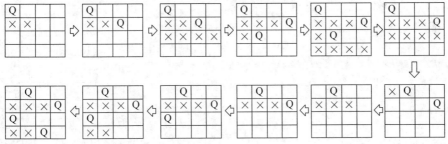

图 4.6 回溯求解过程

源码如下:

```cpp
#include <iostream>
#include <vector>
class NQueens {
private:
    int N;                              //棋盘的大小,即皇后的数量
    std::vector<int> board;             //棋盘,存储每行皇后的列位置
    int solutions = 0;                  //解决方案的数量
public:
    NQueens(int N) : N(N), board(N, -1) {}
    //解决 N 皇后问题的主函数
    void solve() {
        placeQueen(0);
```

```cpp
            std::cout << "Total solutions: " << solutions << std::endl;
    }
private:
    //尝试在棋盘上放置皇后
    void placeQueen(int row) {
        if (row == N) {
            //所有皇后都放置完毕,找到一个解决方案
            solutions++;
            printSolution();
            return;
        }
        for (int col = 0; col < N; col++) {
            if (isSafe(row, col)) {
                board[row] = col; //放置皇后
                placeQueen(row + 1); //继续放置下一个皇后
                board[row] = -1; //回溯,移除皇后
            }
        }
    }
    //检查在(row, col)位置放置皇后是否安全
    bool isSafe(int row, int col) {
        for (int i = 0; i < row; i++) {
            if (board[i] == col || //检查列冲突
                board[i] - i == col - row || //检查主对角线冲突
                board[i] + i == col + row) { //检查副对角线冲突
                return false;
            }
        }
        return true;
    }
    //打印解决方案
    void printSolution() {
        for (int i = 0; i < N; i++) {
            for (int j = 0; j < N; j++) {
                std::cout << (board[i] == j ? "Q " : ". ");
            }
            std::cout << std::endl;
        }
        std::cout << std::endl;
    }
};
int main() {
    int N = 4; //设置皇后的数量
    NQueens queens(N);
    queens.solve();
    return 0;
}
```

下面是代码的工作流程和逻辑解释。

1. 类定义 NQueens

类 NQueens 用于解决 N 皇后问题。它的成员变量 N 存储棋盘的大小，即皇后的数量。board 是一个整数向量，存储每行皇后的列位置。如果 board[i]=j，则表示第 i 行的皇后放在第 j 列。solutions 用于记录找到的解决方案数量。

（1）构造函数 NQueens(int N)主要初始化棋盘大小和棋盘，将所有位置初始化为−1，表示初始时没有皇后放置。

（2）主函数 solve()从调用 placeQueen(0)开始递归过程，从第 0 行开始放置皇后。最后打印找到的解决方案总数。

（3）递归函数 placeQueen(int row)递归地在棋盘上放置皇后。如果 row 等于 N，表示所有皇后都已成功放置，增加解决方案计数，并打印当前棋盘布局。否则，遍历当前行的每一列，检查在(row, col)位置放置皇后是否安全(使用 isSafe()方法)。如果安全，则在该位置放置皇后，并递归地在下一行放置皇后。之后，进行回溯(将该位置重置为−1)以尝试其他可能的放置。

（4）安全性检查函数 isSafe(int row, int col)是检查在(row, col)位置放置皇后是否会导致任何冲突。检查同一列、主对角线和副对角线是否已有皇后放置。

（5）打印解决方案的函数 printSolution()是遍历棋盘，打印每个位置的状态。如果 board[i]==j，则打印'Q'表示皇后，否则打印'.'表示空位。

2．main()函数

（1）设置皇后的数量(例如 $N=4$)。
（2）创建 NQueens 对象并调用 solve()函数来找到并打印所有解决方案。

这个程序通过递归和回溯算法有效地解决了 N 皇后问题，找出了所有可能的解决方案，其中每个解决方案都保证了任何两个皇后都不会在同一行、同一列或同一对角线上。

4.5 0-1 背包问题（回溯算法）

【例 4.7】在一组物品中，每个物品都有各自的质量和价值，还有一个背包，背包有一个最大的载重限制。从这些物品中选择一些放入背包，使得背包内物品的总价值最大化，同时确保总质量不超过背包的载重限制。对每件物品来说，只有两个选择：装入背包和不装入背包。

一个具体的 0-1 背包问题：有 3 件物品，物品的质量为 weights=[16,15,15]，物品的价值为 values=[45,25,25]，背包最大承重为 $W=30$。

算法分析：0-1 背包问题的解空间是一棵完全二叉树，左子树为物品装入，右子树为物品不装入，如图 4.7 所示。树的根节点表示搜索的初始状态，从根节点到第 2 层节点对应物品 1 装入背包和不装入背包，从第 2 层节点到第 3 层节点

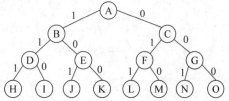

图 4.7　0-1 背包问题的解空间树

对应物品 2 装入背包和不装入背包,以此类推。

0-1 背包问题的搜索过程如图 4.8 所示。CW(current weight)表示当前质量,CV(current value)表示当前价值搜索从 A 状态进入 B 状态,B 状态是背包价值为 45,背包质量为 16。因物品 2 的质量+当前背包质量大于背包最大承受质量,物品 2 不能放入背包,D 状态不存在回溯到 B 状态,进入 E 状态。因物品 3 也不能放入背包,J 状态不存在。搜索到 K 状态,K 为叶节点,得到 0-1 背包的一个解[1,0,0],此时背包的价值为 45。从节点 K 回溯到 E,继续回溯到 B,最后到根节点 A。搜索从根节点 A 到了节点 C,到节点 F,到节点 L。L 是叶节点,代表一个解[0,1,1],背包的价值为 50,更新最优解。从节点 L 回溯到节点 F,搜索到节点 M,得到解[0,1,0],背包的价值为 25,小于最优解。从节点 M 回溯到节点 F,再回溯到节点 C。由于节点 C 的右子树所得到的解不可能优于当前最优解,搜索返回根节点 A,搜索结束。此问题的解为[0,1,1],仅选择第 2 件物品和第 3 件物品装入背包,得到背包的最大价值为 50。

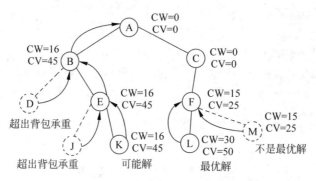

图 4.8 0-1 背包问题的搜索过程

参考代码如下:

```cpp
#include <iostream>
#include <vector>
using namespace std;
//定义一个用于存储结果的结构体
struct Result {
    double maxValue;                                    //最大价值
    vector<int> items;                                  //选择的物品索引列表
};
//回溯算法解决 0-1 背包问题
void knapsack_01(const vector<double>& weights, const vector<double>& values, double W,
int i, double cw, double cv, vector<int>& current, Result& result) {
    int n = weights.size();
    if (cw > W || i == n) {
        if (cv > result.maxValue) {
            result.maxValue = cv;
            result.items = current;
        }
        return;
    }
```

```
    //不选择当前物品
    knapsack_01(weights, values, W, i + 1, cw, cv, current, result);
    //选择当前物品
    if (cw + weights[i] <= W) {
        current.push_back(i);
        knapsack_01(weights, values, W, i + 1, cw + weights[i], cv + values[i], current, result);
        current.pop_back();                          //回溯
    }
}
int main() {
    vector<double> weights = {16.0, 15.0, 15.0};     //物品质量
    vector<double> values = {45.0, 25.0, 25.0};      //物品价值
    double W = 30.0;                                 //背包最大承重
    Result result;
    result.maxValue = 0.0;
    vector<int> current;
    knapsack_01(weights, values, W, 0, 0.0, 0.0, current, result);
    cout << "最大价值为: " << result.maxValue << endl;
    cout << "选择的物品为: ";
    for (int index : result.items) {
        cout << index << " ";
    }
    cout << endl;
    return 0;
}
```

下面是代码的工作流程和逻辑解释。

(1) 定义一个 Result 结构体来存储背包的最大价值和对应的物品组合。

(2) knapsack_01()函数是一个递归函数，用于尝试选择或不选择当前的物品，并更新当前的总质量和总价值。

(3) 在每次递归调用中，函数检查是否超过背包的最大承重或是否已经考虑了所有物品。如果是，它将更新最大价值和物品组合。

(4) 当选择一个物品时，将其索引添加到当前组合中，然后递归地调用函数。在返回之前，移除这个物品以回溯到上一个状态。

(5) main()函数初始化物品的质量和价值列表，调用 knapsack_01()函数，并打印出最大价值和选择的物品。

4.6 物流派送问题(旅行商问题)

【例 4.8】 已知 n 个城市的全连通矩阵 T，要找出一条最短的可能物流派送路线，使得派送者访问每个城市一次并返回原始城市。

对于具体问题，要先分析一下将其归为哪类问题？可以大概这样分类：最终的解与元素的先后顺序有关的问题归为排列问题；最终的解与先后顺序无关但与是否包含某个元素

有关的问题归为组合问题。物流派送问题的解与城市的先后顺序有关,可以用前面介绍的排列回溯算法求解。

源码如下:

```cpp
#include <iostream>
#include <vector>
#include <climits>                                //用于引入最大整数值常量INT_MAX
class TSP {
private:
    int N;                                        //城市数量
    std::vector<std::vector<int>> T;              //全连通矩阵
    std::vector<bool> visited;                    //访问标记数组
    int bestCost = INT_MAX;                       //初始化最优路径长度为最大整数值
    std::vector<int> bestPath;                    //用于存储最优路径
    std::vector<int> currentPath;                 //用于存储当前路径
    int currentCost = 0;                          //当前路径长度
public:
    //构造函数,初始化 TSP 对象
    TSP(const std::vector<std::vector<int>> & T)
        : T(T), N(T.size()), visited(N, false), bestPath(N + 1), currentPath(N + 1) {}
    //求解 TSP 问题的主函数
    void solve() {
        visited[0] = true;                        //标记起始城市为已访问
        currentPath[0] = 0;                       //设置起始城市为当前路径的第一个城市
        dfs(0, 1);                                //从起始城市开始进行深度优先搜索
    }
private:
    //使用深度优先搜索方法求解 TSP 问题
    void dfs(int currentNode, int count) {
        if (count == N) {                         //如果所有城市都已访问
            currentCost += T[currentNode][0];     //添加从当前城市返回到起始城市的成本
            if (currentCost < bestCost) {         //如果当前路径成本小于已知的最佳成本
                bestCost = currentCost;           //更新最佳成本
                //将当前路径复制到最佳路径中
                std::copy(currentPath.begin(), currentPath.end(), bestPath.begin());
                bestPath[N] = 0;                  //设置最佳路径的最后一个城市为起始城市
            }
            currentCost -= T[currentNode][0];     //移除从当前城市返回到起始城市的成本
            return;
        }
        for (int i = 0; i < N; i++) {             //遍历所有城市
            if (!visited[i]) {                    //如果城市 i 未被访问
                visited[i] = true;                //标记城市 i 为已访问
                currentPath[count] = i;           //将城市 i 添加到当前路径中
                currentCost += T[currentNode][i]; //添加从当前城市到城市 i 的成本
                if (currentCost < bestCost) {
                    //如果当前路径成本加上预估成本仍然小于已知的最佳成本
                    dfs(i, count + 1);            //继续进行深度优先搜索
                }
```

```
            //回溯:恢复之前的状态以尝试其他可能的路径
            visited[i] = false;              //将城市 i 标记为未访问
            currentCost -= T[currentNode][i]; //移除从当前城市到城市 i 的成本
        }
      }
   }
public:
   //获取最佳路径列表的函数
   std::vector < int > getBestPath() {
      return bestPath;
   }
   //获取最佳路径的成本的函数
   int getBestCost() {
      return bestCost;
   }
};
```

为了理解上述代码,假设有 4 个城市 A、B、C、D,其全连通图如图 4.9 所示,它的连通矩阵 $T=[[0,30,6,4],[30,0,5,10],[6,5,0,20],[4,10,20,0]]$,构造带剪枝的运行树如图 4.10 所示,描述代码运行的过程。

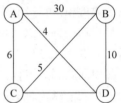

图 4.9 城市全连通图

以上代码中,TSP 类中定义了城市数量、全连通矩阵、访问标记数组、最优路径长度、最优路径、当前路径、当前路径长度等成员变量。solve()方法开始求解,通过递归 DFS 找出所有的可能路径,同时利用回溯算法在搜索过程中更新最优路径和最优路径长度。

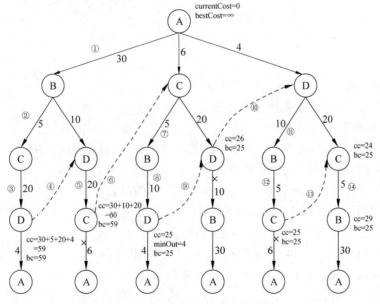

图 4.10 TSP 的带剪枝的运行树

DFS 方法首先判断是否已经遍历了所有的城市一种排列方式,如果是,则计算返回原点的路径长度,并判断是否需要更新最优路径和最优路径长度。然后对每一个还未访问的城市进行遍历,将其标记为已访问,更新当前路径和当前路径长度,然后递归地进行 DFS。最后在回溯的过程中,将访问标记撤销,恢复当前路径和当前路径长度。

getBestPath()和 getBestCost()方法分别用来获取最优路径和最优路径长度。

上述代码与前面的全排列问题的回溯算法结构几乎一样,只是加了物流问题的处理代码和基于当前路径花费是否小于当前已知最佳路径花费的条件(currentCost＜bestCost)剪枝。

4.7 小结

总结求解以上几个示例的回溯算法,回溯时的访问不管是遍历完成某棵子树或剪枝某棵子树,搜索的下一步要访问的节点都是该子树的根节点的右兄弟节点(假设存在)。如果该子树的根节点没有右兄弟节点,表明该节点是它的父节点的最右孩子节点,那么搜索的下一步要访问的节点是该节点的父节点的右兄弟节点,如此递归回溯下去。基于 DFS 的回溯算法的搜索顺序由 DFS 确定,但由于剪枝的动作,在这条确定的 DFS 路径上顺序地跳过了某些中间路径。可以把 DFS(遍历)的访问过程看成是对树的遍历,这个遍历在二维的树结构中得到一条一维的序列路径(分出前后的序关系:基于这条路径,可以说树中的节点 A 在节点 B 之前,节点 B 在节点 A 之后。如果使用其他遍历方法时,节点 B 可能会在节点 A 之前访问)。

对这个通用的算法框架有哪些提高算法性能的办法?缩小可能解空间、找到加快空间搜索的好结构、快速剪枝等都可以提高算法性能,将在第 5 章深入讨论这些内容。

习题

1. 在解决问题时,回溯算法的主要特点是(　　)。
   A. 避免了系统地搜索所有的可能解
   B. 能够快速找到最优解
   C. 一旦发现当前选择不会产生期望的结果,它会立即放弃这条路径
   D. 总是保证找到全局最优解
2. 在使用回溯算法进行搜索时,通常采用(　　)策略。
   A. 广度优先搜索　　B. 深度优先搜索　　C. 贪心算法　　D. 动态规划
3. 回溯算法通常用于解决(　　)类型的问题。
   A. 优化问题　　　　B. 搜索问题　　　　C. 数值计算问题　D. 数据排序问题
4. 回溯算法在遇到不满足条件的路径时会(　　)。
   A. 继续向前搜索　　　　　　　　　　B. 转而搜索其他路径
   C. 返回上一步,尝试其他可能性　　　D. 停止整个搜索过程

5. 以下不是回溯算法的典型应用场景的是( )。
   A. 解决 N 皇后问题　　　　　　　　B. 找出图中的最短路径
   C. 计算数组的所有子集　　　　　　　D. 排列组合问题

6. 关于回溯算法和递归的关系,以下描述是正确的是( )。
   A. 回溯算法和递归没有任何关联
   B. 回溯算法通常采用迭代而非递归
   C. 回溯算法总是使用递归来实现
   D. 回溯算法可以使用递归,也可以不使用

7. 关于回溯算法,以下叙述中不正确的是( )。
   A. 回溯算法有"通用解题法"之称,它可以系统地搜索一个问题的所有解或任意解
   B. 回溯算法需要借助队列这种结构来保存从根节点到当前扩展节点的路径
   C. 回溯算法是一种既带系统性又带跳跃性的搜索算法
   D. 回溯算法在生成解空间的任一节点时先判断该节点是否可能包含问题的解,如果肯定不包含,则跳过对该节点为根的子树的搜索,逐层向祖先节点回溯

8. 下列函数中是回溯算法中为避免无效搜索而采取的策略的是( )。
   A. 递归函数　　　B. 剪枝函数　　　C. 随机数函数　　　D. 搜索函数

9. 以深度优先方式系统搜索问题解的算法称为( )。
   A. 分支限界算法　　　　　　　　　　B. 概率算法
   C. 贪心算法　　　　　　　　　　　　D. 回溯算法

10. 组合总和:给定一个数组 candidates 和一个目标数 target,找出 candidates 中所有可以使数字和为 target 的组合。数组中的数字可以无限次使用。

11. 分割回文串:给定一个字符串 s,将 s 分割成一些子串,使每个子串都是回文串。返回 s 所有可能的分割方案。

12. 圆括号生成:给定一个数字 n,生成所有可能的并且有效的括号组合。例如,给定 $n=3$,一个可能的解集是["((()))","(()())","(())()","()(())","()()()"]。

13. 最近憨憨喜欢上了散步。憨憨住在南二区,他发现南二区有 n 个景点(用 1~n 进行编号)很值得观赏。憨憨不想错过每个景点,但又不想在一次散步过程中经过任意一个景点超过一次。憨憨的散步方案要求是从住所(设编号为 0)出发,经过每个景点有且仅有一次,最后回到住所。当给定 n 个点的无权无向相连信息时,满足要求的方案总数是多少?

第5章

分支限界算法

CHAPTER 5

5.1 分支限界算法的思想

分支限界是一种用于求解组合优化问题的算法策略。它的主要思想是将问题分解为部分子问题，通过对子问题的求解来逐步逼近问题的最优解，一般包含以下 5 点。

（1）分支策略：算法将问题分解为若干子问题，这些子问题进一步分解，形成问题的解空间树。

（2）限界策略：在解空间树上为每一个子问题定义一个上界或下界，用于判断该子问题是否可能包含问题的最优解。如果一个子问题的界限值比已知的最优解还要差，那么这个子问题就不必再进一步考虑。

（3）广度优先和深度优先：分支限界算法可以采用广度优先策略或深度优先策略来遍历解空间树。

（4）活节点：在算法执行过程中，尚未被排除且尚未求解的子问题称为活节点。算法维护一个活节点表，用于记录当前的活节点。

（5）求解整数优化问题：分支限界算法常用于求解整数线性规划问题和一些组合优化问题。

第 4 章在求解全排列问题的基础上求解物流问题的回溯算法，通过比较当前路径长度与当前最优路径长度进行剪枝。如果当前路径长度已经超过了当前最优路径长度，那就没有必要继续搜索这条路径，因为算法的目标是找到最短路径。currentCost＜bestCost 是一个限界条件，这种剪枝策略可以大幅减少搜索空间，称为**简单限界剪枝法**。也设计了其他的限界剪枝方法，进一步提高算法效率。后续用几个具体的示例来解释几个算法版本的设计和运行过程。

物流问题的具体示例为已知 4 个城市 A、B、C、D，它们的连接关系如图 5.1 所示。

以图 5.1 为例，本章讨论和分析几个物流的限界方法。

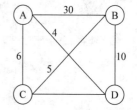

图 5.1 4 城市的连接关系

5.2 最小出边限界法

【例 5.1】 最小出边限界法。

对于当前访问的城市，可以预先计算其到其他所有未访问城市的最短距离，然后用这个距离加上当前路径长度，如果结果已经超过当前最优路径长度，那么可以剪枝。这种剪枝策略利用了图的局部信息，可以有效减少搜索空间。

参考代码如下：

```cpp
#include<iostream>
#include<vector>
#include<climits>                              //用于引入最大整数值常量 INT_MAX
class TSP {
private:
    int N;                                     //城市数量
```

```cpp
    std::vector < std::vector < int >> T;           //全连通矩阵
    std::vector < bool > visited;                   //访问标记数组
    int bestCost = INT_MAX;                         //最优路径长度
    std::vector < int > bestPath;                   //最优路径
    std::vector < int > currentPath;                //当前路径
    int currentCost = 0;                            //当前路径长度
    std::vector < int > minOutEdge;                 //最小出边
public:
    //构造函数
    TSP(const std::vector < std::vector < int >> & T)
        : T(T), N(T.size()), visited(N, false), bestPath(N + 1), currentPath(N + 1), minOutEdge(N) {
        calculateMinOutEdges();                     //初始化最小出边数组
    }
    //主求解函数
    void solve() {
        visited[0] = true;                          //标记起始城市为已访问
        currentPath[0] = 0;                         //设置起始城市为当前路径的第一个城市
        dfs(0, 1);                                  //开始深度优先搜索
    }
private:
    //深度优先搜索函数
    void dfs(int currentNode, int count) {
        //当所有城市都被访问时
        if (count == N) {
            currentCost += T[currentNode][0];       //添加从当前城市返回到起始城市的成本
            if (currentCost < bestCost) {           //如果当前路径成本小于最优成本
                bestCost = currentCost;             //更新最优成本
                std::copy(currentPath.begin(), currentPath.end(), bestPath.begin());
                                                    //更新最优路径
                bestPath[N] = 0;                    //将起始城市添加到最优路径的末尾
            }
            currentCost -= T[currentNode][0];       //回溯,减去添加的成本
            return;
        }
        //遍历所有城市
        for (int i = 0; i < N; i++) {
            if (!visited[i]) {                      //如果城市 i 未被访问
                visited[i] = true;                  //标记城市 i 为已访问
                currentPath[count] = i;             //将城市 i 添加到当前路径
                currentCost += T[currentNode][i];   //添加从当前城市到城市 i 的成本
                //使用最小出边剪枝法
                if (currentCost + minOutEdge[i] < bestCost) {
                    dfs(i, count + 1);              //继续深度优先搜索
                }
                visited[i] = false;                 //回溯,标记城市 i 为未访问
                currentCost -= T[currentNode][i];   //回溯,减去添加的成本
            }
        }
    }
```

```cpp
    //计算最小出边数组
    void calculateMinOutEdges() {
        for (int i = 0; i < N; i++) {
            int min = INT_MAX;                  //初始化最小值为最大整数
            for (int j = 0; j < N; j++) {
                if (i != j && T[i][j] < min) {  //如果不是自身且成本小于当前最小值
                    min = T[i][j];              //更新最小值
                }
            }
            minOutEdge[i] = min;                //将最小值存储在最小出边数组中
        }
    }
public:
    //获取最优路径
    std::vector < int > getBestPath() {
        return bestPath;
    }
    //获取最优路径的成本
    int getBestCost() {
        return bestCost;
    }
};
```

对这个具体的示例，比较图 4.10 和图 5.2，它们都是对同样的全排列树进行 DFS，只是剪枝方法不同。它们形象地解释这两个算法的搜索和剪枝过程，相当于它们都在同一条路上前行(路径由 DFS 决定)，但时不时跃过一段路径(由剪枝方法决定)，最终达到同一个终点。只是这两种不同的剪枝方法产生的跳跃点和跳跃距离不同而已。

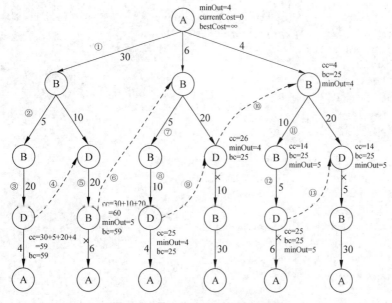

图 5.2　最小出边限界法的运行树

5.3 未访问城市最小出边之和限界法

【例5.2】 未访问城市最小出边之和限界法。

对于当前访问的城市,可以预先计算当前城市的最小出边、所有未访问城市的最小出边,然后用这些最小出边的累加和再加上当前路径长度,如果结果已经超过当前最优路径长度,那么可以剪枝。剪枝条件为从当前城市出发,再走一遍未访问的城市的可行路线所经过的边长之和一定大于当前城市的最小出边再加上所有未访问城市的最小出边。这种剪枝策略利用了图的部分信息,也可以有效减少搜索空间。由于未访问城市最小出边之和比未访问城市最小出边数值更大,直观上认为可以更早地提前剪枝,提高算法的效率。

参考代码如下:

```cpp
#include <vector>
#include <climits>
class TSP {
private:
    int N;                                          //城市数量
    std::vector<std::vector<int>> T;                //全连通矩阵
    std::vector<bool> visited;                      //访问标记数组
    int bestCost;                                   //最优路径长度
    std::vector<int> bestPath;                      //最优路径
    std::vector<int> currentPath;                   //当前路径
    int currentCost;                                //当前路径长度
    std::vector<int> minOutEdge;                    //最小出边
public:
    //构造函数
    TSP(const std::vector<std::vector<int>>& T) : T(T), N(T.size()), bestCost(INT_MAX),
currentCost(0), visited(N, false), bestPath(N + 1), currentPath(N + 1), minOutEdge(N) {
        calculateMinOutEdges();                     //计算每个城市的最小出边
    }
    //主要求解方法
    void solve() {
        visited[0] = true;
        currentPath[0] = 0;
        dfs(0, 1);
    }
private:
    void dfs(int currentNode, int count) {
        if (count == N) {
            currentCost += T[currentNode][0];
            if (currentCost < bestCost) {
                bestCost = currentCost;
                bestPath = currentPath;             //更新最佳路径
                bestPath[N] = 0;
            }
            currentCost -= T[currentNode][0];
```

```cpp
            return;
        }
        for (int i = 0; i < N; i++) {
            if (!visited[i]) {
                visited[i] = true;
                currentPath[count] = i;
                currentCost += T[currentNode][i];
                //剪枝条件
                int futureCost = currentCost + minOutEdge[i] + calculateMinFutureCost();
                if (futureCost < bestCost) {
                    dfs(i, count + 1);
                }
                visited[i] = false;
                currentCost -= T[currentNode][i];
            }
        }
    }
    //计算每个城市的最小出边
    void calculateMinOutEdges() {
        for (int i = 0; i < N; i++) {
            int min_val = INT_MAX;
            for (int j = 0; j < N; j++) {
                if (i != j && T[i][j] < min_val) {
                    min_val = T[i][j];
                }
            }
            minOutEdge[i] = min_val;
        }
    }
    //返回未访问城市的最小出边之和
    int calculateMinFutureCost() {
        int sum = 0;
        for (int i = 0; i < N; i++) {
            if (!visited[i]) {
                sum += minOutEdge[i];
            }
        }
        return sum;
    }
public:
    //获取最优路径
    std::vector<int> getBestPath() {
        return bestPath;
    }
    //获取最优路径的成本
    int getBestCost() {
        return bestCost;
    }
};
```

随着剪枝限界条件的复杂化，需要权衡剪枝的开销和剪枝的效果。继续改进剪枝限界的条件，例如上面代码中的 calculateMinFutureCost() 是 $O(N)$ 复杂度，每次剪枝时都要调用，增加了剪枝的开销。改为计算一次 calculateMinFutureCost()，后续在搜索剪枝时直接使用对应成本数值，而不用再次调用 calculateMinFutureCost()。

改进的参考代码如下：

```cpp
#include <iostream>
#include <vector>
#include <climits>                                      //用于引入最大整数值常量 INT_MAX
class TSP {
private:
    int N;                                              //城市数量
    std::vector<std::vector<int>> T;                    //全连通矩阵
    std::vector<bool> visited;                          //访问标记数组
    int bestCost = INT_MAX;                             //最优路径长度
    std::vector<int> bestPath;                          //最优路径
    std::vector<int> currentPath;                       //当前路径
    int currentCost = 0;                                //当前路径长度
    int futureCost = 0;                                 //未来最小出边累加
    std::vector<int> minOutEdge;                        //最小出边
public:
    //构造函数
    TSP(const std::vector<std::vector<int>>& T)
        : T(T), N(T.size()), visited(N, false), bestPath(N + 1), currentPath(N + 1), minOutEdge(N) {
        calculateMinOutEdges();                         //初始化最小出边数组
        futureCost = calculateMinFutureCost();          //初始化未来最小出边累加
    }
    //主求解函数
    void solve() {
        visited[0] = true;                              //标记起始城市为已访问
        currentPath[0] = 0;                             //设置起始城市为当前路径的第一个城市
        dfs(0, 1);                                      //开始深度优先搜索
    }
private:
    //深度优先搜索函数
    void dfs(int currentNode, int count) {
        if (count == N) {
            currentCost += T[currentNode][0];           //添加从当前城市返回到起始城市的成本
            if (currentCost < bestCost) {               //如果当前路径成本小于最优成本
                bestCost = currentCost;                 //更新最优成本
                std::copy(currentPath.begin(), currentPath.end(), bestPath.begin());
                                                        //更新最优路径
                bestPath[N] = 0;                        //将起始城市添加到最优路径的末尾
            }
            currentCost -= T[currentNode][0];           //回溯，减去添加的成本
            return;
        }
```

```cpp
        //遍历所有城市
        for (int i = 0; i < N; i++) {
            if (!visited[i]) { //如果城市 i 未被访问
                visited[i] = true; //标记城市 i 为已访问
                currentPath[count] = i; //将城市 i 添加到当前路径
                currentCost += T[currentNode][i]; //添加从当前城市到城市 i 的成本
                futureCost -= minOutEdge[i]; //更新未来最小出边累加
                //使用未访问城市最小出边之和剪枝法
                if (currentCost + minOutEdge[i] + futureCost < bestCost) {
                    dfs(i, count + 1); //继续深度优先搜索
                }
                futureCost += minOutEdge[i];              //回溯,恢复未来最小出边累加
                currentCost -= T[currentNode][i];          //回溯,减去添加的成本
                visited[i] = false;                        //回溯,标记城市 i 为未访问
            }
        }
    }
    //计算最小出边数组
    void calculateMinOutEdges() {
        for (int i = 0; i < N; i++) {
            int min = INT_MAX;                             //初始化最小值为最大整数
            for (int j = 0; j < N; j++) {
                if (i != j && T[i][j] < min) {             //如果不是自身且成本小于当前最小值
                    min = T[i][j];                         //更新最小值
                }
            }
            minOutEdge[i] = min;                           //将最小值存储在最小出边数组中
        }
    }
    //计算未来最小出边累加
    int calculateMinFutureCost() {
        int sum = 0;
        for (int i = 0; i < N; i++) {
            sum += minOutEdge[i];                          //累加所有城市的最小出边
        }
        return sum;
    }
public:
    //获取最优路径
    std::vector<int> getBestPath() {
        return bestPath;
    }
    //获取最优路径的成本
    int getBestCost() {
        return bestCost;
    }
};
```

具体示例的运行过程树如图 5.3 所示。

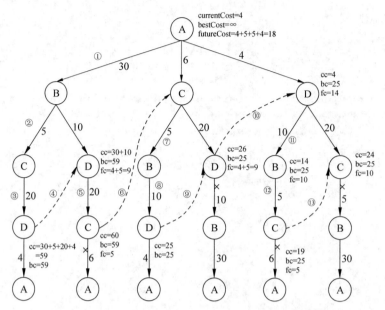

图 5.3 未访问城市最小出边之和限界法的运行过程树

第 4 章最后讨论了提高搜索算法效率的几种可能：缩小可能解的空间、找到加快空间搜索的好结构和快速剪枝等都可以提高算法效率。5.2 节和 5.3 节给出了不同的限界方法用于剪枝。至此，使用的搜索方式都是 DFS，思考一下，如果换一种搜索方式，算法效率会提高吗？

5.4 广度优先搜索的未访问城市最小出边之和限界法

【例 5.3】 使用 BFS(广度优先搜索)方法和未访问城市最小出边之和限界法。

将当前路径长度加所有未访问城市最小出边之和作为搜索的选择条件和剪枝的下限界。代码中使用了一个优先队列(使用最小堆实现)，以实现广度优先搜索的贪心选择。队列中的元素按照预估的代价(estimatedCost)排序，使得具有较小预估代价的状态被优先探索。搜索中某节点的下限界大于当前最佳路径长度，则剪除以此节点为父节点的子树。这有助于减少搜索空间并提高效率。

参考代码如下：

```cpp
#include <vector>
#include <queue>
#include <climits>                    //用于引入最大整数值常量 INT_MAX
class TSP {
private:
    std::vector< std::vector< int >> T;
    int N;
    int bestCost;
    std::vector< int > bestPath;
    std::vector< int > minOutEdge;
```

```cpp
//内部状态类
class State {
public:
    std::vector<bool> visited;
    int currentNode;
    int currentCost;
    std::vector<int> currentPath;
    int count;
    int futureCost;
    int estimatedCost;
    State(const std::vector<bool>& visited, int currentNode, int currentCost, const std::
vector<int>& currentPath, int count, int futureCost) : visited(visited), currentNode
(currentNode), currentCost(currentCost), currentPath(currentPath), count(count), futureCost
(futureCost) {
        this->visited[currentNode] = true;
        this->estimatedCost = currentCost + futureCost;    //计算预估代价
    }
    //为了使状态对象可以在优先队列中进行比较,定义比较方法
    bool operator<(const State& other) const {
    //注意:为了实现小堆,这里使用了">"操作符
        return this->estimatedCost > other.estimatedCost;
    }
};
public:
    //构造函数
    TSP(const std::vector<std::vector<int>>& T) : T(T), N(T.size()), bestCost(INT_MAX),
bestPath(N + 1), minOutEdge(N) {
        calculateMinOutEdges();                            //计算每个城市的最小出边
    }
    //主要求解方法
    void solve() {
        //使用优先队列,实现贪心选择
        std::priority_queue<State> pq;
        std::vector<bool> initialVisited(N, false);
        std::vector<int> initialPath(N + 1, 0);
        State initialState(initialVisited, 0, 0, initialPath, 1, calculateMinFutureCost());
        pq.push(initialState);                             //将初始状态推入队列
        while (!pq.empty()) {
            State current = pq.top();                      //从队列中取出预估代价最小的状态
            pq.pop();
            if (current.count == N) {                      //如果所有城市都已访问
                //加上返回到起始城市的距离
                int final_cost = current.currentCost + T[current.currentNode][0];
                if (final_cost < bestCost) {               //若当前路径成本小于最佳成本
                    bestCost = final_cost;
                    bestPath = current.currentPath;        //更新最佳路径
                    bestPath[N] = 0;                       //结束于起始城市
                }
                continue;
            }
```

```cpp
            for (int i = 1; i < N; i++) {
                if (!current.visited[i]) {                    //如果城市 i 未被访问
                    int newCurrentCost = current.currentCost + T[current.currentNode][i];
                    int nextFutureCost = current.futureCost - minOutEdge[i];
                    int newEstimatedCost = newCurrentCost + nextFutureCost;  //估算新的代价
                    if (newEstimatedCost < bestCost) {        //若估算代价小于最佳代价
                        std::vector<bool> newVisited = current.visited;
                        std::vector<int> newCurrentPath = current.currentPath;
                        newVisited[i] = true;
                        newCurrentPath[current.count] = i;
                        State newState(newVisited, i, newCurrentCost, newCurrentPath, current.count + 1, nextFutureCost);
                        pq.push(newState);                    //将新状态推入队列
                    }
                }
            }
        }
    }
private:
    //计算每个城市的最小出边
    void calculateMinOutEdges() {
        for (int i = 0; i < N; i++) {
            int min_val = INT_MAX;
            for (int j = 0; j < N; j++) {
                if (i != j && T[i][j] < min_val) {
                    min_val = T[i][j];
                }
            }
            minOutEdge[i] = min_val;
        }
    }
    //返回未访问城市的最小出边之和
    int calculateMinFutureCost() {
        int sum = 0;
        for (int i : minOutEdge) {
            sum += i;
        }
        return sum;
    }
public:
    //获取最优路径
    std::vector<int> getBestPath() {
        return bestPath;
    }
    //获取最优路径的成本
    int getBestCost() {
        return bestCost;
    }
};
```

具体示例的算法运行树如图 5.4 所示,从根节点 A 开始,计算 currentCost、bestCost、futureCost,采用广度优先的搜索方法每次拓展一个节点的所有子节点,按 currentCost + futureCost 排序把对应节点加入优先队列。每次取出优先队列的第一个节点(最小值),如果此节点的 currentCost + futureCost 小于 bestCost,则拓展这个节点的所有子节点,加入优先队列。如果此节点的 currentCost + futureCost 大于或等于 bestCost,则不拓展此节点(即在运行树上剪除以此节点为父节点的子树)。如此反复执行,直至优先队列为空,算法结束。

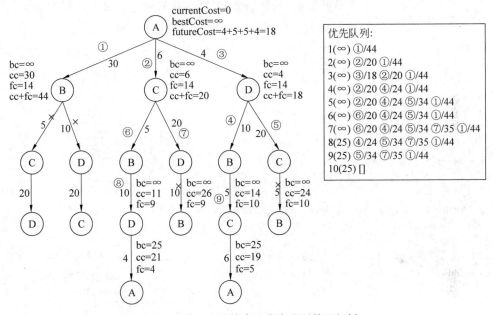

图 5.4 基于广度搜索和优先队列的运行树

注意,这些限界剪枝策略并不能改变 TSP 的时间复杂度,它们只能在一定程度上提高算法效率。因为 TSP 问题本质上是一个 NP 完全问题,即使使用限界剪枝,最坏情况下的时间复杂度仍然是指数级的。然而,在实际问题中,常常能得到较好的启发式信息,所以使用剪枝策略通常能大幅减少实际的计算时间。本章主要是设计恰当的限界条件,搜索方法可以是 DFS 或 BFS,限界条件为搜索过程的节点选择和子树剪枝提供依据。对于其他搜索问题,也可以尝试找到合适的下限界或上限界,用限界条件加快搜索过程。

5.5　0-1 背包问题(分支限界算法)

【例 5.4】 在一组物品中,每个物品都有各自的质量和价值,还有一个背包,背包有一个最大的载重限制。从这些物品中选择一些放入背包,使得背包内物品的总价值最大化,同时确保总质量不超过背包的载重限制。

一个具体的 0-1 背包问题:有 3 件物品,物品的质量 weights = [16, 15, 15],物品的价值 values = [45, 25, 25],背包最大承重 W = 30。

算法分析:0-1 背包问题的解空间树为完全二叉树,它的左子树为装入物品,右子树表示不装入物品。对解空间树的搜索可以采用先进先出队列方式,也可以按照优先级队列方式。图 5.5 是以当前背包的价值为优先级的,从根节点 A 扩展节点 B 和节点 C,节点 B 代表背包放入物品 1,其优先级为 45,而节点 C 代表物品 1 不装入背包状态,其优先级为 0。因背包约束条件限制,节点 B 只扩展节点 E。节点 E 的优先级高于节点 C,扩展一个叶节点 K,得到一个解,更新背包当前最大价值为 45。因扩展不能得到比当前解更优的解,节点 C 只扩展一个节点 F,节点 F 扩展节点 L,节点 L 是叶节点,得到了背包的解,此时背包的最大价值为 50,优于当前最优解,更新当前最大价值为 50。

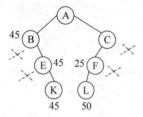

图 5.5 基于优先队列的树

源码如下:

```cpp
#include <iostream>
#include <queue>
#include <vector>
//定义一个节点类
class Node {
public:
    int level;                       //当前处理到的物品索引
    double value;                    //当前总价值
    double weight;                   //当前总质量
    double bound;                    //节点的界限值
    vector<int> content;             //包含的物品索引列表
    Node() : level(0), value(0), weight(0), bound(0.0) {}
    Node(int level, double value, double weight, double bound, vector<int> content)
        : level(level), value(value), weight(weight), bound(bound), content(content) {}
};
//自定义比较器,用于优先队列
class Compare {
public:
    bool operator()(Node &a, Node &b) {
        return a.bound < b.bound;    //按照 bound 降序排列
    }
};
//计算界限值的函数
double bound(Node u, int n, double W, const vector<double> &weights, const vector<double> &values) {
    if (u.weight >= W) return 0;
    double value_bound = u.value;
    int j = u.level + 1;
    double totweight = u.weight;
    while (j < n && totweight + weights[j] <= W) {
        totweight += weights[j];
        value_bound += values[j];
        j++;
    }
    if (j < n) {
        value_bound += (W - totweight) * values[j] / weights[j];
    }
```

```cpp
    return value_bound;
}
//用分支限界法求解 0-1 背包问题
pair<double, vector<int>> knapsack_01_branch_and_bound(const vector<double> &values,
const vector<double> &weights, double W) {
    int n = values.size();
    priority_queue<Node, vector<Node>, Compare> pq;
    Node u, v;
    pair<double, vector<int>> result = make_pair(0, vector<int>());
    v.level = -1;
    v.value = 0;
    v.weight = 0;
    pq.push(v);
    while (!pq.empty()) {
        v = pq.top();
        pq.pop();
        if (v.level == -1) u.level = 0;
        else if (v.level != n - 1) u.level = v.level + 1;
        else continue;
        u.weight = v.weight + weights[u.level];
        u.value = v.value + values[u.level];
        u.content = v.content;
        u.content.push_back(u.level);
        if (u.weight <= W && u.value > result.first) {
            result.first = u.value;
            result.second = u.content;
        }
        u.bound = bound(u, n, W, weights, values);
        if (u.bound > result.first) pq.push(u);
        u.weight = v.weight;
        u.value = v.value;
        u.content.pop_back();
        u.bound = bound(u, n, W, weights, values);
        if (u.bound > result.first) pq.push(u);
    }
    return result;
}
int main() {
    vector<double> weights = {16.0, 15.0, 15.0};            //物品质量
    vector<double> values = {45.0, 25.0, 25.0};             //物品价值
    double W = 30.0;                                        //背包最大承重
    pair<double, vector<int>> result = knapsack_01_branch_and_bound(values, weights, W);
    cout << "最大价值: " << result.first << endl;
    cout << "选择的物品索引: ";
    for (int index : result.second) {
        cout << index << " ";
    }
    cout << endl;
    return 0;
}
```

使用分支限界法来求解 0-1 背包问题,具体说明如下。

1. 类和结构定义

Node 类定义了表示决策树中节点的类,Node 类的定义如表 5.1 所示。

表 5.1　Node 类的定义

名　　称	定　　义
level	当前处理到的物品索引
value	到当前节点为止的物品总价值
weight	到当前节点为止的物品总质量
bound	基于当前节点估算的最大可能价值(界限)
content	包含的物品索引列表,表示当前路径包括哪些物品
Compare	一个自定义比较器,用于优先队列。它确保队列中按照节点的 bound 值降序排列

2. 函数定义

1) bound()函数

bound()函数用于计算节点的界限值。界限值是基于贪心算法概念的,可预估该节点下一步所能达到的最大价值。

2) knapsack_01_branch_and_bound()函数

knapsack_01_branch_and_bound()函数的三个参数是物品的价值数组、质量数组和背包的最大承重。使用优先队列(按 bound 值排序)来存储待处理的节点。通过两种情况(选择当前物品或不选择)递归地处理每个节点,计算包括或不包括当前物品时的总价值、总质量和界限值。只有当节点的界限值大于当前已知的最大价值时,节点才会被加入队列以进行进一步处理,这是剪枝操作的体现。最后返回包含最大价值和对应物品索引列表的结果。

3) main()函数

main()函数初始化物品的质量和价值数组,以及背包的最大承重。调用 knapsack_01_branch_and_bound()函数计算最大价值和选择的物品。最后输出最大价值和被选择的物品索引。

3. 代码的工作流程

(1) 初始化一个空的优先队列,并将一个初始节点(无物品,价值和质量均为零)加入队列。

(2) 循环处理队列中的节点。
① 对于每个节点,考虑两种情况:将当前级别的物品加入背包或不加入。
② 计算每种情况下的新价值、新质量和界限值。
③ 如果新的界限值超过已知的最大价值,并且质量不超过背包限重,则将该节点加入队列以供进一步处理。

(3) 当队列为空时,算法结束,返回找到的最大价值和相应的物品组合。

这种方法通过避免搜索不可能超过当前最大价值的路径,从而减少了搜索空间,使得算法更高效。

5.6 小结

本章探讨了分支限界法的两种典型应用:物流派送问题和 0-1 背包问题。分支限界法是一种在决策树上进行搜索的策略,通过使用上下界条件来剪枝,即舍弃那些不可能导致最优解或满足条件的路径,从而提高搜索效率。

1. 物流派送问题的处理

下界条件:在处理物流派送问题时,使用了下界条件来实施剪枝。下界指在当前决策树节点下可能获得的最低成本或最小代价。如果某个节点的下界已经高于已知的最优解,那么这个节点及其所有子节点都不会产生更优的解,因此可以被剪枝。

DFS 和 BFS 方法:为了遍历物流问题的排列树,分别实现了 DFS 方法和 BFS 方法。DFS 方法优先沿着树的一条路径深入搜索,直到达到叶节点或满足剪枝条件,然后回溯到其他路径;而 BFS 方法则是逐层搜索,优先探索同一层的所有节点,然后再深入下一层。

2. 0-1 背包问题的处理

上界条件:在处理 0-1 背包问题时,使用了上界条件来进行剪枝。上界指在当前节点下理论上可能获得的最高价值。如果某个节点的上界已经低于已知的最优解,那么这个节点及其所有子节点都不会产生更高的价值,因此可以被剪枝。

搜索策略:0-1 背包问题通常使用优先队列结合上界条件来实现最优优先搜索。这种方法优先考虑那些有可能产生更高价值的节点,从而更快地找到最优解。

分支限界法通过精心设计的上下界条件,有效地减少了搜索空间,这对于解决复杂问题非常重要。在物流问题和 0-1 背包问题的处理中,分支限界法结合了不同的搜索策略(如 DFS、BFS 和最优优先搜索)以及如何通过上下界条件来优化搜索过程,这些都是解决实际复杂问题的关键技术。

习题

1. 分支限界法通常用于解决( )。
   A. 只有一个解的问题　　　　　　　B. 需要找到所有可能解的问题
   C. 寻找最优解的问题　　　　　　　D. 递归问题
2. 关于回溯算法和分支限界法的区别,下列描述中正确的是( )。
   A. 回溯算法适用于解决组合问题,而分支限界法适用于解决优化问题
   B. 回溯算法使用广度优先搜索,分支限界法使用深度优先搜索
   C. 两者没有本质区别,只是应用场景不同
   D. 分支限界法通常不考虑约束条件,而回溯算法则会

3. 分支限界法在求解问题时的主要特点是（　　）。
   A. 总是遵循深度优先搜索策略　　　B. 主要用于解决组合问题
   C. 侧重于减少搜索空间以找到最优解　D. 通常用于处理具有多个解的问题
4. FIFO 是（　　）的一种搜索方式。
   A. 分支限界　　　B. 动态规划　　　C. 贪心算法　　　D. 回溯算法
5. 在分支限界法中，通常采用（　　）策略来找到最优解。
   A. 仅深度优先搜索
   B. 仅广度优先搜索
   C. 根据问题特性选择深度优先或广度优先搜索
   D. 随机搜索
6. 优先级队列式分支限界法选取扩展节点的原则是（　　）。
   A. 先进先出　　　B. 后进先出　　　C. 随机　　　D. 节点优先级
7. 作业调度问题：给定一组作业，其中每个作业都有一个截止日期和利润。只有一个工作人员，工作人员只能在任何给定的时间工作一个作业。如果工作完成，则会得到利润，否则不会得到任何利润。目标是最大化利润。
8. 汉密尔顿回路问题：给定一幅图，判断其是否存在一幅遍历图中所有顶点恰好一次的循环路径。这个问题与旅行商问题相似，但没有"最短"路径的要求。
9. 装载问题：给定一组物品和它们的质量，以及一定数量的船只或车辆（具有固定的载重能力），确定是否可以将所有物品装载并分配到船只或车辆上。
10. 最短路径：求图 5.6 中从 $V1$ 点到 $V9$ 点的单源最短路径，请画出求得最优解的解空间树。要求中间被舍弃的节点用×标记，获得中间解的节点用单圆圈○框起，最优解用双圆圈◎框起。

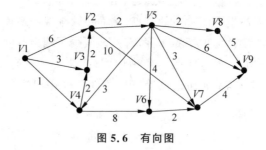

图 5.6　有向图

11. 解整数拆分问题：求将正整数 n 无序拆分成最大数为 k 的拆分方案个数，要求所有的拆分方案不重复。

第 6 章

动态规划算法

CHAPTER **6**

6.1 动态规划算法的思想

在回溯算法中,程序通过递归调用遍历了所有可能的状态。随着数据规模的增大,问题的状态数常常呈指数级上升,这使得基于穷举所有状态的算法的适用范围比较有限。实际上,在穷举所有可能的状态的过程中,有相当多的状态不满足约束条件或者得不到最优解,使得在求解最优解的过程中,没必要从这些状态进一步深入搜索最优解。本章将介绍动态规划这一寻求最优解的重要方法。动态规划按表现形式可以分为线性动态规划、背包模型、区间动态规划、树状动态规划、状态压缩动态规划、概率动态规划、数位动态规划等多个专题。动态规划的英文为 Dynamic Programming,它是一种问题求解的思维方式,即先求解各个子问题的最优解,再从子问题的最优解转移得到原问题的最优解。

动态规划有一些重要概念,如"状态记录""状态转移""最优子结构""无后效性""重叠子问题"等。"状态记录"与"状态转移"在学习搜索时已经有所涉及,如经典的 8-皇后问题,在运用深度优先搜索求解时,皇后的各种摆放局面都各自构成一个状态,假如已经放置好了前 4 排的皇后,而由这 4 个皇后的布局确定放置第 5 排的皇后的位置即为状态转移。"最优子结构"和"无后效性"是一个问题能够运用动态规划求解的先决条件,"重叠子问题"是动态规划算法加速的来源。然而,脱离实际问题,孤立地对这三个概念进行阐释,很难在刚接触动态规划时真正理解这一解决问题的方法。因此,本章将这些概念适时在例题中提及,通过例题的学习,从而使各个概念更易理解。

动态规划作为一种方法,其与很多常规算法最大的不同就是"无定形",需要根据具体的问题设计出相应的算法,因此学习动态规划也是对学习者的思维能力的有效锻炼。对初学者而言,要想学好动态规划,必须辅以大量的练习来体会其适用场景、熟悉各种常见套路和编程技巧。

本章所涉及的复杂度如非特别说明,均指时间复杂度。此外,本章所提到的"可解""可行"等类似描述,均指程序会在 1~2 秒的时间内完成计算,这主要是对照程序设计竞赛的普遍要求,即对特定规模的问题在限定的时间内完成计算;同理,"不可接受""不可行"等类似描述并非认为运行更长时间的算法没有意义或无法解决特定的问题,只是算法不够优秀。实际上随着数据规模的进一步扩大,更长的计算时间是必然的。

6.2 线性动态规划

线性动态规划,顾名思义,就是状态是线性转移的。这类动态规划问题的特征非常明显,一般表现为在一个线性序列或二维矩阵上存在若干特征点,给出一定的转移规则,求出从一个状态移动到另一个状态的最优解。本节通过几个例题来介绍线性动态规划。

【例 6.1】 学校每个月都要升国旗,每次升国旗,都由国旗班的同学庄严地将国旗护送到旗杆下,随着国歌奏响,国旗徐徐升起。从操场的平地走上升国旗的平台需要走上 n 级台阶,如果每一步可以选择向上走一级台阶或者两级台阶(见图 6.1),那么走上第 n 级共有多少种不同的方案?例如,$n=1$ 只有一种方案(直接走 1 级);$n=2$ 有两种方案(走 1+1 级或者 2 级); $n=3$ 有三种方案(走 $1+1+1$ 级或者 $1+2$ 级或者 $2+1$ 级)。

逐级枚举至 $n=4$、$n=5$ 的情况，会发现其前面各项恰好构成斐波那契数列。但是为什么会这样呢？

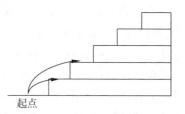

图 6.1　走一级台阶或者两级台阶

算法分析：由于行进方向是单向的，每一步可以选择向上走一级台阶或者两级台阶。对于第 i 级台阶，其只能由第 $i-1$ 级或者第 $i-2$ 级台阶走上来。可以用 $dp[i]$ 记录走到第 i 级台阶的方案数。如果已知走到第 $i-2$ 级台阶的方案数 $dp[i-2]$ 以及走到第 $i-1$ 级台阶的方案数 $dp[i-1]$，就可以算出走到第 i 级台阶的方案数，即两者之和 $dp[i-2]+dp[i-1]$。即：

$$dp[i] = \begin{cases} 1 & i=1 \\ 2 & i=2 \\ dp[i-2]+dp[i-1] & i \geqslant 3 \end{cases}$$

其中，对于 $i=1$ 和 $i=2$ 分别有 $dp[1]=1$，$dp[2]=2$，这在动态规划中常称为初始条件或边界条件。在得出了上面的递推关系后，就可以很直观地看出，该问题的答案满足斐波那契数列的递推关系。此题的参考代码如下：

```
long long dp[51];
void solve() {
  int n;
  cin >> n;
  dp[1] = 1, dp[2] = 2;
  for (int i = 3; i <= n; i++)
      dp[i] = dp[i - 1] + dp[i - 2];
  cout << dp[n];
}
```

算法复杂度分析：本解法的状态总数为 n，每一个状态仅由至多两个状态转移而来，状态转移为 $O(1)$，总复杂度为 $O(n)$。

此题是一个简单的递推型题目，但却很好地体现了状态转移的思想。在本问题中，走上 n 级台阶的方案数是非常巨大的(可以自行尝试输出走上 40 级台阶有多少种方案)，但是通过分析，将一个大问题分解为两个小问题，并按照逻辑关系将两个小问题的解合并为大问题的解，这一过程也蕴含了最优子结构的性质。

【例 6.2】 给定一个长度为 n 的整数序列 d，请找出一段连续子序列，使得该段子序列的和最大。例如给出的整数序列为 $d=[6,-1,5,4,-7]$，其连续子序列和的最大值为 $6-1+5+4=14$。

算法分析：对于此题，一个很直接的做法是暴力枚举子序列的左端点和右端点，并求和得出所有的可能性，总体复杂度为 $O(n^3)$，如果 n 在 500 以内，则是可以求解的。当然稍加优化，预先求出前缀和，则用 $O(n^2)$ 暴力枚举左右端点后，可以在 $O(1)$ 时间内完成求和，总体复杂度可以降为 $O(n^2)$，此算法可以解决 n 不超过 10 000 的问题。当然此题还有其他处理方式可以将复杂度控制在 $O(n^2)$，在此不展开讨论。

当问题规模 n 达到 100 000 甚至 1 000 000 时,该如何求解呢?此时即便是 $O(n^2)$ 的做法,亦不可接受。此时就需要运用动态规划来解决上述问题,用一个数组 dp 来保存得到的局部最优解。例如 dp[i] 表示以第 i 号元素作为区间右端点的最大子序列和。

很显然,对于第 1 个元素,有 dp[1]=d[1]。对于 dp[2] 的值,有两种可能的来源:第一种是直接以第 2 个元素作为起点,那么很显然 dp[2]=d[2];第二种是利用第 2 个元素前面的若干元素,且这些元素必须以 d[1] 结尾才会构成连续的序列。对于第二种取法,既然利用以 d[1] 结尾的子序列和,当然是要取以 d[1] 为结尾的子序列和的最大值,这个结果其实就是 dp[1]。因此,可以得到:

$$dp[2] = \max(d[2], dp[1] + d[2])$$

同理,对于任意 $i \neq 1$,有:

$$dp[i] = \max(d[i], dp[i-1] + d[i]) = \max(0, dp[i-1]) + d[i]$$

这样,从 $i=1$ 开始,不断将 i 向后递推,即可求出以所有元素作为结尾的最大连续子序列和(保存在 dp 数组里),最后只需要对整个 dp 数组求最大即可得到整个区间的最大子序列和了。参考代码如下:

```
int dp[200002], d[200002];
void solve() {
  int n;
  cin >> n;
  for (int i = 1; i <= n; i++)
      cin >> d[i];
  for (int i = 1; i <= n; i++)
      dp[i] = max(0, dp[i - 1]) + d[i]; //max(只取自己一个数,接上前面的最优解)
  int ans = INT_MIN;
  for (int i = 1; i <= n; i++)
        ans = max(ans, dp[i]);
  cout << ans;
}
```

算法复杂度分析:本解法的状态总数为 n,每个状态仅由至多两个状态转移而来,状态转移为 $O(1)$,总复杂度为 $O(n)$。

在本题中,可以分析出以第 i 个元素作为终点的最大子序列和只可能源于下面两种情况。第一种情况是将第 i 个元素单独作为一个区间,第二种情况是利用其左边的部分连续元素。对于第二种情况,需要利用某一个到 $i-1$ 为止的区间,并利用这些区间中最优的那一个。这一转移过程很好地体现了最优子结构的思想,即当前问题的最优解来源于其某个子问题的最优解。本题的每个状态所对应的最优子结构有两个(如 dp[i] 的最优子结构为 dp[$i-1$] 和 0),而在本章后面的例子中还将看到多种可能的最优子结构。

【例 6.3】 在 2021 年结束的东京奥运会上,中国体操代表队共获得 3 金 3 银 2 铜的优异成绩,优异的成绩当然离不开艰苦的训练。为了训练平衡能力,教练在训练场摆了 n 个木桩,编号为 $1 \sim n (n \leqslant 100\ 000)$,第 i 个木桩的高度为 h_i。运动员一开始在编号为 1 的木桩上,每次可以跳到所在木桩后面第 1 个或第 2 个木桩上。当运动员从第 i 个木桩跳到第 j 个木桩时,他将消耗体力 $|h_i - h_j|$。试问,从第 1 个木桩跳到第 n 个木桩,最少需要消耗多

少体力？例如有6个木桩，高度为[30,10,60,10,60,50]。运动员一开始站在第一个木桩上，高度为30，他可以选择连续跳跃至第3、5、6个木桩，这样总体力开销为30+0+10=40，另外一种可能比较优秀的跳法是经过第2、4、6个木桩，但这样体力总开销为20+0+40=60。当然，不同的跳法还有很多，在此不再一一罗列，但是可以确定的是，对于这样6个木桩，最小的体力开销就是40。图6.2显示高度为[30,10,60,10,60,50]的最佳跳跃方案，第1个木桩是起点，经过第3、5、6个木桩，体力开销最小。

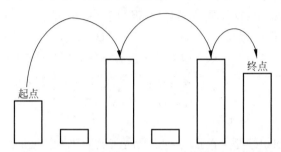

图6.2　高度为[30,10,60,10,60,50]的最佳跳跃方案

算法分析：本题直接搜索所有情况，复杂度将是指数级的，而此题n很大，所以不可能采用搜索的方法。虽然到达第i个木桩的方法很多，但是只有体力消耗最低的那一条线路才是需要保留的。因此可以用$dp[i]$表示跳到第i个木桩所需的最低体力开销，而以第i个木桩作为落点，其起跳点只能是第$i-1$个木桩或者第$i-2$个木桩，所以到达第i个木桩的最小体力开销等于经由第$i-1$个木桩跳到第i个木桩和经由第$i-2$个木桩跳到第i个木桩所需的总体力消耗中较小的一个。因此转移方程如下：

$$dp[i]=\min(dp[i-1]+abs(d[i]-d[i-1]),dp[i-2]+abs(d[i]-d[i-2]))$$

注意，对于第2个木桩，其只能由第1个木桩跳过来，需要特殊处理$dp[2]=abs(d[2]-d[1])$。参考代码如下：

```
int dp[100001], d[100001];
void solve() {
    int n;
    cin >> n;
    for (int i = 1; i <= n; i++)
        cin >> d[i];
    dp[2] = abs(d[2] - d[1]);    //第2个木桩只能从第1个木桩跳过来，特殊处理
    for (int i = 3; i <= n; i++) //可以从i-1跳到i,或者从i-2跳到i,取两者中开销小的一个
        dp[i] = min(dp[i - 1] + abs(d[i] - d[i - 1]), dp[i - 2] + abs(d[i] - d[i - 2]));
    cout << dp[n];
}
```

算法复杂度分析：本解法的状态总数为n，每个状态仅由至多两个状态转移而来，状态转移为$O(1)$，总复杂度为$O(n)$。

本题到达第i个木桩之后继续向后跳所需要消耗的体力与到达第i个木桩的路径并不相关，此即"无后效性"。本题跳到第i个木桩的最少体力开销一定是由跳到第$i-2$个木桩的最小体力开销或者跳到第$i-1$个木桩的最小体力开销转移而来的，这就是"最优子结构"。

【例 6.4】 经过一个学期的辛苦学习,憨憨期盼已久的暑假终于来了,在放松身心的同时,也需要为下学期的进一步学习做好准备。下学期共有三门重要的专业课 A、B、C 需要学习,暑假共有 n 天,每天可以选择学习一门课,在第 i 天时如果学习三门课可获得的知识量分别为 a_i、b_i、c_i,为了避免厌倦,憨憨不会连续两天学习同一门专业课。整个假期憨憨能获得的最大知识量是多少?

算法分析:一个很直观的想法是,每天都选择能获取知识量最大的那一门课,即直接用贪心算法求解。但是很显然这样做是不对的,因为前一天的选择会影响后一天可行的选择。有一个简单的例子,假设暑假只有两天,第一天三门课可获取的知识量分别为 1、1、2,第二天三门课可获取的知识量为 1、1、3。如果采用贪心算法,则第一天会学习第三门课,第二天只能选择前两门课,获取的总知识量为 3。而如果在第一天选择前两门之一而在第二天选择第三门课进行复习,可以获得的知识量为 4。如果采用暴力搜索方法,虽然可以得出正确的结果,但是复杂度将是指数级的。

每天结束时的总知识量是由前面已经获取的知识量加上当天的新增知识量而成。不同的是,第 i 天选择学习 j 课程的最大知识量可以由第 $i-1$ 天学习非 i 的某门课程所达到的最优结果(若干状态)转移而来。而在例 6.3 中,每个位置只有一个状态。因此需要对例 6.3 的状态转移方程稍加修改,以解决本题。如果用数组 dpa、dpb、dpc 分别记录各天学习 A、B、C 后的总知识量的最大值,则有:

$$\mathrm{dpa}[i] = \max(\mathrm{dpb}[i-1], \mathrm{dpc}[i-1]) + a[i] \tag{6.1}$$

$$\mathrm{dpb}[i] = \max(\mathrm{dpa}[i-1], \mathrm{dpc}[i-1]) + b[i] \tag{6.2}$$

$$\mathrm{dpc}[i] = \max(\mathrm{dpa}[i-1], \mathrm{dpb}[i-1]) + c[i] \tag{6.3}$$

以式(6.1)为例,如果第 i 天选择学习课程 A,则其前一天必然只能是学习 B 或者 C。对于第 $i-1$ 天选择学习课程 B 的情况,第 i 天学习 A 后的总知识量最大值等于第 $i-1$ 天选择学习课程 B 所累计获取的总知识量加上第 i 天学习课程 A 所获取的知识量;对于第 $i-1$ 天选择学习课程 C 的情况,第 i 天学习 A 后的总知识量最大值等于第 $i-1$ 天选择学习课程 C 所累计获取的总知识量加上第 i 天学习课程 A 所获取的知识量。很显然,要使得第 i 天学习课程 A 后的总知识量尽量大,需要从第 $i-1$ 天学习 B 或者 C 这两者中,累计知识量更大的一个转移而来。

代码如下:

```
int a[100001], b[100001], c[100001], dpa[100001], dpb[100001], dpc[100001];
void solve() {
  int n;
  cin >> n;
  for (int i = 1; i <= n; i++) cin >> a[i] >> b[i] >> c[i];
  for (int i = 1; i <= n; i++) {
    dpa[i] = max(dpb[i - 1], dpc[i - 1]) + a[i];
    dpb[i] = max(dpc[i - 1], dpa[i - 1]) + b[i];
    dpc[i] = max(dpa[i - 1], dpb[i - 1]) + c[i];
  }
  cout << max(dpa[n], max(dpb[n], dpc[n]));
}
```

算法复杂度分析：本解法的状态总数为 $3n$，每一个状态仅由两个状态转移而来，状态转移为 $O(1)$，总复杂度为 $O(n)$。当然，也可以用一个二维数组记录三门课每天的知识量，再用一个二维数组记录每天学习完三门课后的总知识量，但不影响复杂度。

此题很好地体现了最优子结构、无后效性以及重叠子问题的概念。在本题中，每一天结束后所能获取的总知识量最大值一定是由前一天结束时的总知识量的最大值转移而来的，因而满足最优子结构。站在某一天的角度，只需要关注前一天可能学习的两门课的总知识量。只要总知识量一定，更早之前的具体学习路径并不会对后续转移产生影响，此即无后效性。如果第 i 天学习 A，则第 $i+1$ 天学习 B 或者 C 都会用到第 i 天学习完 A 的结果，因此构成重叠子问题，只需要求解一次便可多次被后面的计算过程使用，通过减少重复计算，提高了问题求解的效率。

此外，本题的课程只有三门，其实可将题目修改为有 m 门课程，此时只需要多循环一层即可，算法的复杂度将变为 $O(nm)$。

【例 6.5】 现在已经探明了某处地下有一个陵墓，借助先进的科学手段，我们探明了该陵墓的文物价值分布，以一个 n 行的数字三角形表示。该数字三角形的第 i 行有 i 个数字，分别表示各处的文物价值，考古人员由第一行那个唯一数字的位置进入陵墓，并可以向下一行中与当前数字位置最接近的两个数字之一的位置前进。当从第一行走到最后一行时，所能搜集的文物总价值的最大值是多少？例如图 6.3 所示的 5 行数字三角形，其最佳路径为 $7\rightarrow 4\rightarrow 9\rightarrow 1\rightarrow 8$，总和为 29。

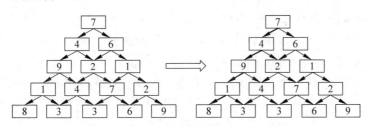

图 6.3　某代表性数字三角形的行进路线

算法分析：从这个最优路径可以看出，单纯地每次都选择当前可达的最大数字是不可行的，因为这样会找到一条 $7\rightarrow 6\rightarrow 2\rightarrow 7\rightarrow 6$ 的路径，答案为 28。另一个可能的思路是直接暴力枚举所有可能的路径，但是其状态数是非常大的：一条路径从上往下，每一层都有两条分支，所以总的状态数量为 2^{n-1}。

但是分析一下可以发现，例如以到达第三行第二列的数字 2 为例，有两条路径：$7\rightarrow 4\rightarrow 2$ 和 $7\rightarrow 6\rightarrow 2$。可以发现 $7\rightarrow 6\rightarrow 2$ 明显优于 $7\rightarrow 4\rightarrow 2$，因此在向后继续移动的过程中，完全不需要考虑 $7\rightarrow 4\rightarrow 2$ 这一路径，即只要是从第三行第二列这个 2 继续向后移动的，一定是来源于 $7\rightarrow 6\rightarrow 2$ 这一路径。因为经由 $7\rightarrow 6\rightarrow 2$ 和 $7\rightarrow 4\rightarrow 2$ 到达第三行第二列，都不会对之后的转移路径造成影响，即"无后效性"，因此可以义无反顾地选择以 $7\rightarrow 6\rightarrow 2$ 这条路径到达该位置。在本例中，对于任何一个位置来说，其可能的最优子结构有两个（靠边的数字除外），因此需要对这两个最优子结构进行比较，选择从更优的一个最优子结构转移而来。假定 $d[i][j]$ 表示数字三角形中第 i 行第 j 列的数字，$dp[i][j]$ 保存移动至第 i 行第 j 个数字时的最优解，那么转移方程如下：

$$dp[i][j] = \max(dp[i-1][j-1], dp[i-1][j]) + d[i][j]$$

代码如下：

```cpp
int dp[101][101], d[101][101];
void solve() {
  int n;
  cin >> n;
  for (int i = 1; i <= n; i++)
     for (int j = 1; j <= i; j++)
          cin >> d[i][j];
  dp[1][1] = d[1][1];                                //特殊处理第一行,只有一个元素
  for (int i = 2; i <= n; i++) {
     dp[i][1] = dp[i - 1][1] + d[i][1];              //特殊处理两边的元素
     dp[i][i] = dp[i - 1][i - 1] + d[i][i];          //特殊处理两边的元素
     for (int j = 2; j < i; j++)                     //每一个位置只能由上一行的两个相邻位置转移而来
          dp[i][j] = max(dp[i - 1][j - 1], dp[i - 1][j]) + d[i][j];
  }
  int ans = INT_MIN;
  for (int i = 1; i <= n; i++)
     ans = max(ans, dp[n][i]);
  cout << ans;
}
```

算法复杂度分析：本解法的状态总数约为 $n^2/2$，每一个状态仅由至多两个状态转移而来，状态转移为 $O(1)$，总复杂度为 $O(n^2)$。

【**例 6.6**】 给定一个数列 d，请将其中的若干数字移走，使得剩下的数字呈现递增的关系。那么剩余数字构成的递增序列的长度最长可以为多少？

例如有下面这几个数字 $d=[1,2,2,5,1,9,9,4]$，那么可以保留 $[1,2,5,9]$，这样形成长度为 4 的递增子序列。图 6.4 提供了一个形象的数据序列示例，其中深色矩形代表保留数字。

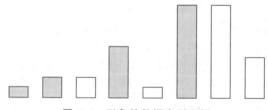

图 6.4 形象的数据序列示例

算法分析：很显然,如果此题的数字规模不大(如 20 以内),可以直接暴力枚举所有的可能,如从某个数字 x_i 开始向后搜索,找到一个比它大的数 x_j，就可以将长度加 1，并以 x_j 为起点继续向后搜索更大的数,当把所有的可能性都检查过之后,最优解自然也已经找到。然而,这个做法的复杂度将是指数级的。

对于一个给定的数列,从任意一个位置开始的最长递增子序列长度是确定的,因而不必在每次找到 x_j 之后都从它开始继续搜索一遍,避免做很多重复计算。实际上从每个数字 x_j 作为起点的最长上升子序列都只需要求解一次,并记录下该结果,当下次有其他序列利用到 x_j 时,直接调用之前算得的结果即可。

例如，用 dp[i] 表示从第 i 个数字开始的最长上升子序列，则有转移方程：

$$\mathrm{dp}[j] = \max(\mathrm{dp}[j], \mathrm{dp}[i]+1) \quad (\text{对所有 } i>j \text{ 且 } d[i]>d[j]，\text{以确保递增})$$

当然，上述转移方程是以穷举为基础对冗余计算进行优化后得出的动态规划转移方程，从转移的逻辑看，要求解 dp[j] 必须先知道 dp[i]，而 $j<i$，也就是说整个动态规划过程需要从最后做到最前。因此在实际写动态规划代码时也可以把思维转换一下，这样代码写起来思路可能更顺一些。即 dp[i] 保存以第 i 个数字为结尾，最长的递增子序列长度。在此定义下，要得到以第 i 个数字为结尾的最优解 dp[i]，只需依次遍历以第 i 个数字之前的各个位置为结尾所能构成的最长上升子序列长度即可，转移方程如下：

$$\mathrm{dp}[i] = \max(\mathrm{dp}[i], \mathrm{dp}[j]+1) \quad (\text{对所有 } j<i \text{ 且 } d[j]<d[i])$$

参考代码如下：

```cpp
int dp[1001], d[1001];
void solve() {
  int n;
  cin >> n;
  for (int i = 1; i <= n; i++)
      cin >> d[i];
  for (int i = 1; i <= n; i++) {    //依次向后计算第 i 个数字为结尾的最长上升子序列
      for (int j = 1; j < i; j++)   //遍历所有在第 i 个数字之前的位置
          if (d[j] < d[i])          //j<i 且 d[j]<d[i],构成递增关系
              dp[i] = max(dp[j], dp[i]);   //从构成递增关系的序列中找出最长的
      dp[i]++;                      //算上第 i 个数字自身,因此长度+1
  }
  int ans = INT_MIN;
  for (int i = 1; i <= n; i++)
      ans = max(ans, dp[i]);
  cout << ans;
}
```

算法复杂度分析：本解法的状态总数为 n，每一个状态仅由其之前的若干状态转移而来，状态转移为 $O(n)$，总复杂度为 $O(n^2)$。

可以看出，上述问题的求解隐含了最优子结构和无后效性这两个特征。对第 i 个数字而言，利用的是以可以与第 i 个数字构成递增序列（即 $j<i$ 且 $d[j]<d[i]$）的那些数字作为子序列结尾的最优解(dp[j])中最优(取所有可能中的最大)的那一个。并且无论利用的是前面的哪一个数，在继续往后组建递增序列时，对外展现的都是第 i 个数字，与 j 的取值无关，即不存在后效性。此外，因为对于所有满足 $j<i$ 且 $d[j]<d[i]$ 的情况，都可以将 $d[i]$ 接在 $d[j]$ 后面，因此以第 i 个数字作为结尾的最长上升子序列长度可以由以第 j 个数字作为结尾的最长上升子序列长度+1 转移而来。因而这里以第 j 个数字作为结尾的最长上升子序列可能会被求解多次，因此其实际上是一个重叠子问题，可以事先保存起来，从而实现加速。

注意，上述动态规划的复杂度为 $O(n^2)$，大概能解决 n 在 10 000 以内的问题，而如果要解决 n 在十万至百万量级的问题，需要用二分查找进行优化。

【例 6.7】 最长公共子序列问题。给定两个数列的长度分别为 n 和 m，请将其中的若

干数字移走，使得两个数列剩余的部分一致。剩余数列的最长长度是多少？例如第一个数列 $a=[1,2,3,4,5]$，第二个数列 $b=[1,3,5,7,9]$，如图 6.5 所示。那么移走部分数字后，剩余的数列为 $[1,3,5]$，长度为 3。

图 6.5 两个数列的匹配图

算法分析：此题穷举法的复杂度非常高，然而，通过和例 6.6 对比，应该可以感受到其似乎具备类似的最优子结构和无后效性的性质。可以用 $dp[i][j]$ 表示 a 数列取前 i 个元素、b 数列取前 j 个元素时的最长公共子序列长度。此时 $a[i]$ 和 $b[j]$ 存在两种关系。

如果 $a[i]=b[j]$，那么此处形成匹配，$dp[i][j]$ 实际上就等于剔除掉 $a[i]$ 和 $b[j]$ 这一对元素后的剩余子序列的最长公共子序列加 1，即 $dp[i][j]=dp[i-1][j-1]+1$。如果 $a[i] \neq b[i]$，即最后一位无法匹配，意味着在 a 串前 i 个元素与 b 串前 j 个元素进行匹配时，$a[i]$ 和 $b[j]$ 中至少有一个是可以舍弃的，那么有 $dp[i][j]=\max(dp[i-1][j],dp[i][j-1])$。这样，将 dp 数组从前往后递推直至得出整个 a 串与整个 b 串的最长公共子序列即可。其转移方程如下：

$$dp[i][j]=\begin{cases} 0 & i=0 \text{ 或 } j=0 \\ dp[i-1][j-1]+1 & a[i]=b[j] \\ \max(dp[i-1][j],dp[i][j-1]) & a[i] \neq b[j] \end{cases}$$

参考代码如下：

```cpp
int dp[1001][1001], a[1001], b[1001];
void solve() {
    int n, m;
    cin >> n >> m;
    for (int i = 1; i <= n; i++)
        cin >> a[i];
    for (int i = 1; i <= m; i++)
        cin >> b[i];
    for (int i = 1; i <= n; i++)
        for (int j = 1; j <= m; j++)
            if (a[i] == b[j])              //形成匹配
                dp[i][j] = dp[i - 1][j - 1] + 1;
            else                           //不能形成匹配
                dp[i][j] = max(dp[i - 1][j], dp[i][j - 1]);
    cout << dp[n][m];
}
```

算法复杂度分析：本解法的状态总数为 nm，每一个状态视情况由 1～2 个状态转移而来，状态转移为 $O(1)$，总复杂度为 $O(nm)$。

【例 6.8】 方阵取宝问题。有一个 $n \times m$ 的方阵，方阵各处有价值不等的宝物。如果从左上角进入方阵，每次只能向右或者向下走一步，最终从右下角走出，请问最多能搜集到的宝物的价值为多少？

算法分析：以图 6.6 的数据方阵为例，可知如果直接用贪心算法则一开始会向下走，从而错过大量的 9。然而，最优行进方式是先往右走获取大量价值为 9 的宝物，且在拿到两个 9 之后，开始向下走。如果采用暴力搜索的方式，虽然可以得出正确的答案，但其时间复杂度为阶乘阶。因为根据组合数公式,对于 n 行 m 列的方阵,可以算出共有 C_{n+m-2}^{n-1} 种不同的行进路线,对于 n、m 都等于 100 的情况,其不同路线数将超过 2×10^{58}。

如果用 $\mathrm{dp}[i][j]$ 记录行进到第 i 行第 j 列的最大搜集价值,其值显然等于搜集到其前一位置的最大价值加上该位置本身的价值,且无论选择由哪个位置移动而来都不会对后续计算产生特殊影响。在本题中,除第一行和第一列外,能移动到第 i 行第 j 列位置的前一位置都只有两个,即第 $i-1$ 行第 j 列和第 i 行第 $j-1$ 列,由此可以写出状态转移方程:

图 6.6 数据方阵

$$\mathrm{dp}[i][j]=\max(\mathrm{dp}[i-1][j],\mathrm{dp}[i][j-1])+d[i][j] \quad i\neq j$$

而对于处于第一行的各个位置,其只能由左边转移而来;对于第一列的各个位置,其只能由上边转移而来。即:

$$\mathrm{dp}[1][j]=\mathrm{dp}[1][j-1]+d[1][j] \quad j\neq 1$$
$$\mathrm{dp}[i][1]=\mathrm{dp}[i-1][1]+d[i][1] \quad i\neq 1$$

这样,可以先计算出第一行和第一列的最大搜集价值,然后剩余区域就可以用统一的转移方程逐行逐列进行计算了。参考代码如下:

```
int d[501][501], dp[501][501];
void solve() {
  int n, m;
  cin >> n >> m;
  for (int i = 1; i <= n; i++)
    for (int j = 1; j <= m; j++)
      cin >> d[i][j];
  dp[1][1] = d[1][1];                                        //特殊处理起点
  for (int i = 2; i <= n; i++)
    dp[i][1] = dp[i - 1][1] + d[i][1];                       //特殊处理首列
  for (int i = 2; i <= m; i++)
    dp[1][i] = dp[1][i - 1] + d[1][i];                       //特殊处理首行
  for (int i = 2; i <= n; i++)
    for (int j = 2; j <= m; j++)
      dp[i][j] = max(dp[i - 1][j], dp[i][j - 1]) + d[i][j];  //上方和左方取大者
  cout << dp[n][m] << '\n';
}
```

算法复杂度分析:本解法的状态总数为 nm,每一个状态仅由前面两个状态转移而来,状态转移为 $O(1)$,总复杂度为 $O(nm)$。

在本例的计算中,大量位置的计算结果都被其右边和下边的位置直接利用,即运用了重叠子问题这一特点进行了加速。

当然,本题也有其他处理技巧能将第一行和第一列的处理并入整体,但为了避免引入更多的要素使得代码更加抽象,示例的代码还是将其单独进行处理。

至此,最基本的动态规划模型就介绍完了。虽然这些题目相对比较简单,但是对于初学者而言可能仍需要大量时间去体会。对于初学者而言,部分题目可能会有一种状态的设置与转移有点"天上掉下来"的感觉。这是因为读者还没有习惯动态规划的思维,但是只要多

练习多体会,慢慢就会适应这些动态规划的基本形态和简单变形,这也是在比赛中必须拿下的题型。

6.3 背包类问题

背包类问题是一大类可以运用动态规划进行求解的问题,在程序设计竞赛中,有相当多的问题,其实质都是背包问题的变形,因此掌握背包问题显得非常重要。本节将从具体问题入手,从易到难讲解背包问题。

【例 6.9】 0-1 背包问题。有 n 个物品,第 i 个物品的价值为 v_i,质量为 w_i。给定一个载重为 m 的背包用于装物品。在不超过背包载重的前提下,如何选择物品使得背包中物品的总价值最大?(本题的所有输入参数不超过 1000)

算法分析:在学习本节内容之前,可能会产生两种解题思路:第一种是优先选择单位质量价值最大的物品;第二种是直接穷举所有的物品组合,从不超过容量的组合中选择价值最大的。然而这两种做法都是有缺陷的。

第一种做法实际上使得每单位质量都获取了最大的价值,如果物品可以进行切分,使得背包正好塞满,则该做法是可行的。然而由于物品必须作为整体,有可能放下了一个单位质量价值最大的物品而使得一个高价值的物品无法被放下。例如,考虑背包载重为 5,两个物品的质量分别为 2、4,价值分别为 5、8,如果按照第一种做法,会选择先放置物品 1,因为其单位质量的价值更高,这样获得价值 5,然而第二个物品将无法放下;但换过来,如果选择先放置物品 2,这样获得价值 8,显然总价值更高。

第二种做法在逻辑上是可以得到正确的结果的,但是其缺陷在于计算复杂度过高,为 $O(2^n)$。注意到本题的物品数量高达 1000,这显然是不可接受的。

不过可以从前述第二种解题思路出发,将冗余部分用动态规划优化掉。如果有多种方案的质量为 j,只需要保留其中价值最大的方案即可。当然在某些情况下,也可以反过来思考:如果有多种方案的价值为 j,只需要保留质量最小的方案即可。

以 dp$[i][j]$ 记录考察到第 i 个物品、总质量为 j 时的最大价值。可以得到如下转移方程:

$$\mathrm{dp}[i][j] = \begin{cases} \mathrm{dp}[i-1][j] & j < w[i] \\ \max(\mathrm{dp}[i-1][j], \mathrm{dp}[i-1][j-w[i]]+v[i]) & j \geqslant w[i] \end{cases}$$

第一式的转移逻辑为,考察包含第 i 个物品且物品集总质量为 j 时,如果物品集总质量 j 小于第 i 个物品的质量,则显然物品集中不可能包含第 i 个物品,因此最优价值就是前 $i-1$ 个物品所能构成的最优价值。第二式的转移逻辑为,如果物品的总质量 j 大于或等于第 i 个物品的质量,则该最高价值物品集有可能包含第 i 个物品,但是否真的包括需要进行判定。

(1) 如果不包含第 i 个物品,则总质量为 j 时的最高价值等价于用前 $i-1$ 个物品组成质量为 j 的物品集的最高价值,即 dp$[i-1][j]$;

(2) 如果包含第 i 个物品,由于第 i 个物品的质量为 $w[i]$,则其最高价值等价于用前 $i-1$ 个物品组成质量为 $j-w[i]$ 的物品集的最高价值加上第 i 个物品的价值,即 dp$[i-1][j-w[i]]+v[i]$。

上述(1)、(2)两个方案里价值更大的方案即为用前 i 个物品组成质量为 j 的物品集的最优价值。参考代码如下：

```cpp
int dp[1001][1001], w[1001], v[1001];
void solve() {
  int n, m;
  cin >> n >> m;
    for (int i = 1; i <= n; i++)
        cin >> w[i] >> v[i];
  for (int i = 1; i <= n; i++)
    for (int j = 0; j <= m; j++)
        if (j < w[i])      //考察的质量小于物品质量，不可能纳入此物品
            dp[i][j] = dp[i - 1][j];
        else               //可以纳入此物品，但是是否应该纳入，还需要比较价值
            dp[i][j] = max(dp[i - 1][j], dp[i - 1][j - w[i]] + v[i]);
  cout << dp[n][m];
}
```

算法复杂度分析：本解法的状态总数为 nm，每一个状态仅由前两个状态转移而来，状态转移为 $O(1)$，总复杂度为 $O(nm)$。

需要注意，在用变量 j 遍历背包容量时采取了从小至大的顺序，这里如果采用从大至小的顺序也是一样的。请注意，在解决本问题时，使用二维数组 dp 记录处理至第 i 个物品装载到质量 j 时的最大价值。而实际上为了更加优雅地解决更复杂的背包模型，可以将该状态数组压缩为一维。

观察两个转移方程，对于 $j < w[i]$ 的情况，实际是把前一轮遍历的结果复制过来；而对于 $j \geqslant w[i]$ 的情况，或者复制前一轮的结果，或者用质量为 $j - w[i]$ 的结果更新质量 j 的结果。如果直接用 dp[j] 来存储质量为 j 的最大价值，那么复制部分就可以直接略过，而需要更新的部分由于是用小质量的结果更新大质量的结果，为了避免单个物品被多次使用，需要将 j 从大质量扫到小质量，以确保本轮更新所用的源数据没有被本轮使用的物品更新过，于是，可以得到如下优化的代码：

```cpp
int dp[1001], w[1001], v[1001];
void solve() {
  int n, m;
  cin >> n >> m;
    for (int i = 1; i <= n; i++)
        cin >> w[i] >> v[i];
  for (int i = 1; i <= n; i++)
    for (int j = m; j >= w[i]; j--)   //从大到小扫描，以确保不会重复纳入同一物品
            dp[j] = max(dp[j], dp[j - w[i]] + v[i]);
  cout << dp[m];
}
```

算法复杂度分析：本解法的状态总数为 m，每一个状态至多被 n 个物品各更新一遍（对应 n 个子状态），状态转移为 $O(n)$，总复杂度为 $O(nm)$。

经过优化的代码对内存的需求大幅压缩，而且也为后续需要介绍的更为复杂的背包问

题打下基础。本段代码读者务必仔细体会、熟练掌握,再继续学习后续知识。为帮助读者理解,图 6.7 给出了 0-1 背包的 dp 数组变化情况。本运行结果假定的输入数据为背包载质量为 5,三个物品的质量分别为 3、2、4,价值分别为 2、5、8。

	0	1	2	3	4	5
$i=0$	0	0	0	0	0	0
$i=1$	0	0	0	2	2	2
$i=2$	0	0	5	5	5	7
$i=3$	0	0	5	5	8	8

图 6.7 0-1 背包的 dp 数组

【例 6.10】 完全背包问题。有 n 类物品,第 i 类物品的价值为 v_i,质量为 w_i,每类物品的个数不限。给定一个载重为 m 的背包,求问如何选择物品,在不超过背包载重的前提下,使得背包中物品的总价值最大。(本题的所有输入参数不超过 1000)

算法分析:参照例 6.9 的第二种写法,如果以 dp[j] 表示质量为 j 时的最大价值,本题的转移方程同样可以写为

$$dp[j] = \max(dp[j], dp[j-w[i]] + v[i]) \quad j \geqslant w[i]$$

不过本题中的同一物品可以重复选取(即同一组 $w[i]$、$v[i]$ 可以重复利用)。回想例 6.9 中将二维数组的代码修改为一维数组时,为了避免重复使用,采用了将 j 按从大到小的顺序进行更新,这样确保了在用第 i 个物品更新质量 j 时,所用到的 $j-w[i]$ 还没有被更新过,进而确保了不会一个物品被反复使用。而此题,在更新质量 j 时并不需要确保 $j-w[i]$ 未被第 i 类物品更新过。想清楚这一区别之后,其实只需要将例 6.9 中 j 的扫描顺序改为从小到大即可,参考代码如下:

```
int dp[1001], w[1001], v[1001];
void solve() {
  int n, m;
  cin >> n >> m;
  for (int i = 1; i <= n; i++) cin >> w[i] >> v[i];
  for (int i = 1; i <= n; i++)
    for (int j = w[i]; j <= m; j++) //从小到大扫描,确保同一类物品可以多次使用
      dp[j] = max(dp[j], dp[j - w[i]] + v[i]);
  cout << dp[m];
}
```

算法复杂度分析:本解法的状态总数为 m,每一个状态至多被 n 个物品各更新一遍,状态转移为 $O(n)$,总复杂度为 $O(nm)$。

对比例 6.9 和例 6.10 的题目要求和代码的差异,可以发现:当将 j 从大扫描到小,用第 i 个物品更新 dp[j] 时,dp[$j-w[i]$] 还未更新过,因此可以避免第 i 个物品被重复使用;当将 j 从小扫描到大,用第 i 个物品更新 dp[j] 时,dp[$j-w[i]$] 已经更新过,确保了第 i 个物品可以反复使用。从本题可以看出,对于一个动态规划问题而言,即便转移方程一样,但是由于转移顺序的不一样,也可能导致完全不同的结果。

	0	1	2	3	4	5
$i=0$	0	0	0	0	0	0
$i=1$	0	0	0	5	5	5
$i=2$	0	0	4	5	5	9
$i=3$	0	0	4	8	8	12

图 6.8 完全背包的 dp 数组变化

图 6.8 给出了完全背包的 dp 数组变化情况。本运行结果假定的输入数据如下:背包载重为 5,三个物品的质量分别为 3、2、3,价值分别为 5、4、8。

【例 6.11】 多重背包问题。有 n 类物品,单个第 i 类物品的价值为 v_i,质量为 w_i,每类物品的个数为 c_i。给定一个载重为 m 的背包。求问如何选择物品,在不超过背包

载重的前提下,使得背包总价值最大(本题中的所有输入参数不超过100)。例如,背包载重为10,有两种物品质量分别为1和3,价值分别为1和2,数量分别为8和2,经过分析和试算可以得出应该取走7个第一类物品和1个第二类物品。总计取得价值为9。

算法分析:可以看到,在例6.9中每种物品数量为1,例6.10中每种物品的数量为无限,而此题则分别给出了每种物品的数量。当然,一个最直接的做法是将c_i个第i类物品处理成c_i个独立的物品,转换为0-1背包问题。这样,转换后的物品总数为$\sum c_i$(该求和式的上界为nc_{max}),背包容量为m,参考0-1背包问题,此解法的总体复杂度为$O(nmc)$,在本题的数据规模下是没有问题的。参考代码如下:

```
int dp[101], w[101], v[101], c[101];
void solve() {
  int n, m;
  cin >> n >> m;
  for (int i = 1; i <= n; i++)
    cin >> w[i] >> v[i] >> c[i];
  for (int i = 1; i <= n; i++)
    for (int k = 0; k < c[i]; k++)            //将第i类物品看成独立的c[i]个物品
      for (int j = m; j >= w[i]; j--)         //对单个物品做背包
        dp[j] = max(dp[j], dp[j - w[i]] + v[i]);
  cout << dp[m];
}
```

虽然本解法将一个多重背包问题转换为了0-1背包问题并得到了正确答案,但是这一做法没有利用多个同类物品的共同特征这一信息,将同样的c_i个物品拆解为了c_i个独立物品,因此复杂度偏高。如果此题将数据规模扩大到几千甚至上万,则显然不可能在时限内计算出结果。

实际上,在程序设计竞赛领域,有一个非常常用的思维,叫作倍增。注意到,前述算法在将多重背包问题拆解为0-1背包问题时,可以将原先的c_i个物品拆解为1、2、4、8、16、32、64…个物品,这样,即便初始的c_i非常大,拆解后的物品数量也非常有限(典型地,即便原物品多达100万个,按照倍增拆解后也仅为20个)。同时,由于这样的倍增数字实际上是二进制中的一组基,因此1至c_i的任何值都可以被这组基的线性组合所覆盖,因此原问题等价于由这组基构成的0-1背包问题。参考代码如下:

```
int dp[10001];
void solve() {
  int n, m, v, w, c, sumw, sumv;
  cin >> n >> m;
  for (int i = 1; i <= n; i++) {
    cin >> w >> v >> c;
    for (int ct = 1; ct <= c; c -= ct, ct <<= 1) { //物品数量不断倍增,直到不够倍增
      sumw = ct * w, sumv = ct * v;             //物品质量为sumw,价值为sumv
      for (int j = m; j >= sumw; j--)           //0-1背包
        dp[j] = max(dp[j], dp[j - sumw] + sumv);
    }
```

```
        sumw = c * w, sumv = c * v;
        if (c) //如果倍增结束后物品还有剩余,将剩余部分作为1个物品
            for (int j = m; j >= sumw; j--) dp[j] = max(dp[j], dp[j - sumw] + sumv);
    }
    cout << dp[m];
}
```

算法复杂度分析：本解法的状态总数仍然是 m，但状态转移的次数由 $\sum_{i=1}^{n} c_i$ 降低为 $\sum_{i=1}^{n} \log c_i$，即状态转移由 $O(nc)$ 降低为 $O(n\log c)$，总复杂度相应由 $O(nmc)$ 降低为 $O(nm\log c)$。

可以看到,通过倍增的思想,将多个同样的物品拆解为不同数量的单个物品,大幅降低了计算的复杂度。更进一步,借助单调队列,本题的复杂度可以降低至 $O(nm)$。关于单调队列的运用超出了本章的范畴,读者可以自行查阅相关资料。

【例 6.12】 二维背包问题。有 n 个物品,第 i 个物品的体积为 s_i,价值为 v_i,质量为 w_i。给定一个容积为 m、载重为 r 的背包。求问如何选择物品,在不超过背包容积和载重的前提下,使得背包的总价值最大。(本题中的所有输入参数不超过 100)

算法分析：与前面的背包问题不同,本题的限制条件除了质量外还增加了容量。回想前面问题的解决方法：用一个 dp 数组保存所有质量下的最大价值,依次考察各个物品,尝试用该物品的质量和价值更新该 dp 数组。稍加拓展即可想到,可以将前述 dp 数组扩展为二维,例如用 dp[i][j]保存体积为 i、质量为 j 的最大价值。这样,考虑用第 k 个物品更新 dp 数组时有 dp[i][j]=max(dp[i][j],dp[$i-s[k]$][$j-w[k]$]+$v[k]$)(对所有 $i \geq s[k]$ 且 $j \geq w[k]$)。

参考代码如下：

```
int dp[101][101];
void solve() {
    int n, m, r, s, v, w;
    cin >> n >> m >> r;
    for (int i = 1; i <= n; i++) {
        cin >> s >> v >> w;
        for (int j = m; j >= s; j--)                              //扫描背包容积
            for (int k = r; k >= w; k--)                          //扫描背包载重
                dp[j][k] = max(dp[j][k], dp[j - s][k - w] + v);   //更新价值
    }
    cout << dp[m][r];
}
```

算法复杂度分析：本解法的状态总数为 mr,每个状态至多由 n 个物品各更新一次,状态转移为 $O(n)$,总复杂度为 $O(nmr)$。

前面介绍了几个经典的背包模型,下面介绍几个背包变形问题。

【例 6.13】 ①将正整数 n 分解为 m 个互不相同的正整数之和,有多少种不同分法？②将正整数 n 分解为 m 个正整数之和,有多少种不同分法？注意,本题交换数字的顺序不

视为不同的分法,例如 $1987=1000+987=987+1000$ 视为同一种分法。本题 n 不超过 2500,m 不超过 10。

算法分析:本题中两个小问题的区别只在于选取的整数是否可以重复。在基础的背包问题中,对物品选取的约束是总重不可超过背包载重;而在此题中,对数字选取的约束是需要选择 m 个且总和为 n,这可以类比到二维背包问题中要求体积为 m、质量为 n。在前面的基础背包问题中,0-1 背包问题规定对同一个物品不可重复选取,而在完全背包问题中,同一个物品可以反复选取,也与此题的两个小问题正好形成对应关系。

可以类比前面的基础背包问题来求解此题。在二维背包问题中,可以用 $dp[i][j]$ 表示体积为 i、质量为 j 时的最大价值。类比一下本题,要求的是方案数,因而可以尝试用 $dp[i][j]$ 表示使用的数字个数为 i、数字的总和为 j 时的方案数。在此基础上,考虑添加某个数字 k 来构成某些数字集时,可以得到转移方程:

$$dp[i][j] \mathrel{+}= dp[i-1][j-k]$$

上述方程的转移意义比较好理解:用 $i-1$ 个数字组成和为 $j-k$ 的所有方案,都可以通过添加 1 个数字 k 来构成用 i 个数字组成总和为 j 的方案,因此这里可以将前者的方案总数直接全部并入后者。当依次尝试将 $1 \sim n$ 作为第 $1 \sim m$ 个数加入组合后,就得到了将 m 个数字组成 n 的方案数。

此外,通过与 0-1 背包问题、完全背包问题进行类比,本例的两个小问题的区别就是从大刷到小和从小刷到大的区别:当将一个数字 k 从大次数刷到小次数时,数字 k 不会被重复使用,因为更新大次数时所用的小次数数据还没有被数字 k 更新过;当将一个数字从小次数刷到大次数时,这个数字会被重复利用,因为更新大次数时所用的小次数数据已经被数字 k 更新过了。

第①个小问题的参考代码如下:

```
long long dp[11][2501];
void solve() {
    int n, m;
    cin >> n >> m;
    dp[0][0] = 1;
    for (int k = 1; k <= n; k++)              //枚举使用的数字
        for (int i = m; i >= 1; i--)          //枚举使用的数字个数,倒序,因此不会重复使用
            for (int j = k; j <= n; j++)      //枚举总和
                dp[i][j] += dp[i - 1][j - k]; //添加 1 个数字 k 到旧方案中形成新方案
    cout << dp[m][n];
}
```

算法复杂度分析:本解法的状态总数为 nm,每个状态至多由 n 个数字各更新一次,状态转移为 $O(n)$,总复杂度为 $O(n^2 m)$。

对于第②个小问题,根据前面的分析,如果所有的数字都可以重复使用,只需将上面用 i 刷数字个数的顺序改为从小刷到大,参考代码如下:

```
long long dp[11][2501];
void solve() {
    int n, m;
```

```
cin >> n >> m;
dp[0][0] = 1;
for (int k = 1; k <= n; k++)            //枚举使用的数字
    for (int i = 1; i <= m; i++)        //枚举使用的数字个数,顺序,可以重复使用
        for (int j = k; j <= n; j++)    //枚举总和
                    dp[i][j] += dp[i - 1][j - k]; //添加1个数字k到旧方案中形成新方案
cout << dp[m][n];
}
```

由于只修改了 i 的扫描顺序,本算法的复杂度仍为 $O(n^2 m)$。

此外,本题还可以对数字进行修改,例如只能由质数或者合数构成,只能由 2、3、5 的倍数构成等,稍加修改即可得到对应的代码。

以上就是典型的背包问题及其解题思路。背包模型是各项程序设计竞赛的常客,当然,作为赛题,不会以基本形态出现,但仔细剖析后都会发现其本质就是在几个基本的背包模型上进行变形。要想在程序设计竞赛中取得好成绩,背包模型务必熟练掌握,特别是对于基本型要写得滚瓜烂熟。

6.4 记忆化搜索与区间动态规划

深度优先搜索方法通过穷举状态,从而实现问题的求解。记忆化搜索则是在深度优先搜索的同时,记录下每个已求解的子问题的解,当搜索程序需要再次求解已经求解过的子问题时,便可直接利用之前记录下的结果,从而形成加速。一个非常有代表性的例子是计算斐波那契数列。

【例 6.14】 已知斐波那契数列 $f(1)=f(2)=1$,其他 $f(x)=f(x-2)+f(x-1)$,输入正整数 n,输出 $f(n)$,n 不超过 46。

算法分析:本题可以直接按照题意进行递归计算,其求解的代码如下:

```
int f(int n) {
  if (n <= 2)
    return 1;
  else
    return f(n - 2) + f(n - 1);
}
void solve() {
  int n;
  cin >> n;
  cout << f(n);
}
```

对于 40 以内的输入,计算机可以在可接受的时间内计算出结果,但是如果输入 46,可能就需要稍微等待一段时间。为什么这么简单的代码需要运行这么久呢?如果用 for 循环直接正向递推不是很快吗?这个递归只有递归到 $f(x)=1$ 才会返回,也就是说,最终的结果是多少,就有多少个递归终点。例如当 $n=46$ 时,结果大约为 20 亿,也就是大约有 20 亿

个递归终点,再加上递归过程中还有很多分支,当然就很慢了。图 6.9 是当 $n=5$ 时的递归树结构,这是一棵有 9 个节点的二叉树。

那么有什么办法可以加速递归过程呢?对同一个 x 值,$f(x)$ 是固定的,所以只要计算过一次就没必要再次计算了,即存在大量的重叠子问题。因此可以为前述代码加入中间过程的记录与调用操作,具体操作如下:

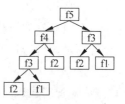

图 6.9 递归树结构

```
int dp[50];
int f(int n) {
    if (dp[n]) return dp[n]; //重叠子问题: 如果已经处理过,直接返回结果
    if (n <= 2)
        return dp[n] = 1;
    else
        return dp[n] = f(n - 2) + f(n - 1);
}
void solve() {
    int n;
    cin >> n;
    cout << f(n);
}
```

算法复杂度分析: 本解法的状态总数为 n,每个状态至多由两个子状态转移而来,状态转移为 $O(1)$,总复杂度为 $O(n)$。在之前的动态规划题目中,通过直接分析 for 循环就能比较容易地看出复杂度。而对于递归形式的动态规划,复杂度可能不那么直观。不过可以换一个角度,在上面这段修改后的代码中,所有 x 对应的 $f(x)$ 在第一次调用结束后将会向 $dp[x]$ 写入数据,这样下次再调用 $f(x)$ 时将会直接返回结果,避免再次向下递归。本题需要计算的递归树节点(状态)共只有 n 个,而每个递归树节点最多只会深入两个其他节点(状态),因此复杂度为 $O(n)$。在采用记忆化搜索实现动态规划时,通过计算状态数及每个状态的转移数来推导算法复杂度是一个很实用的做法。

此时可以尝试测试输入 46 需要多久可以计算出结果。当测试更大的输入时需要将数据类型调整为 long long 型,因为 int 型已不足以保存结果。

有部分动态规划问题在正向求解时,状态不太好转移,对于这类问题,就可以运用记忆化搜索的写法,实现问题的求解,例 6.15 是一个经典的记忆化搜索题目。

【**例 6.15**】 2022 年北京冬奥会上,中国体育健儿们顽强拼搏,共夺得了 9 枚金牌、4 枚银牌和 2 枚铜牌,其中有 5 枚金牌产生于滑雪项目。为了训练运动员的滑雪技术,国家兴建了许多滑雪场。给定一个 $n\times m$ 的矩形滑雪场,已知各处的海拔,滑雪者只能由高处滑向低处,请求出一个最长的滑雪路径。某滑雪场的海拔分布如图 6.10 所示。

在一个如图 6.10 所示的海拔分布的滑雪场,可以选择从中间的 25 出发,逆时针转圈滑行,滑出一条长度为 25 的路径。

1	2	3	4	5
16	17	18	19	6
15	24	25	20	7
14	23	22	21	8
13	12	11	10	9

图 6.10 某滑雪场的海拔分布

算法分析: 每个点都可以向 4 个点滑行,并且 4 个点还可以向其各自相邻的点滑行,很难求解。但是建立起动态规划的思维后,通过一定的思考可以想到一个很自然的转移关系。例如,以 18 作为起点,它可以滑到 3、17 两个位置,因此 18 这个位置的最大滑行长度为 3 的位置的滑行长度与 17 的位置的滑行长度的最大值再加 1;而 18 这个位置本身又可以由 19 和 25 这两个位置滑行而来,是这两个点出发的滑行问题的子问题(**重叠子问题**),因此可以在求解出该点的最长滑行长度后,记录下结果,方便以后快速调用。更公式化的,如果用 $dp[x][y]$ 表示从第 x 行第 y 列出发的滑行长度,可以写出转移方程:

$$dp[x][y] = \max(dp[x+dx][y+dy]) + 1$$

这里 $(x+dx, y+dy)$ 表示与 (x, y) 相邻的位置。注意原位置与新位置能形成转移必须满足以下两点要求:

(1) 新位置处于滑雪场范围内。
(2) 新位置的高度低于原位置的高度。

于是可以依次尝试以各个点作为起点,得出以之作为起点的最长路径,并输出最长路径的长度即可。参考代码如下:

```
int d[501][501], dp[501][501], n, m;
int dx[] = {0, 1, 0, -1}, dy[] = {1, 0, -1, 0};  //移动方向
int dfs(int x, int y) {
  if (dp[x][y]) return dp[x][y];                  //重叠子问题:如果已经处理过,直接返回结果
  for (int i = 0; i < 4; i++) {                   //枚举 4 个方向
    int xx = x + dx[i], yy = y + dy[i];
    if (xx >= 1 && yy >= 1 && xx <= n && yy <= m && d[x][y] > d[xx][yy])
            dp[x][y] = max(dp[x][y], dfs(xx, yy));  //对合法的方向取其最大长度
  }
  return ++dp[x][y];                              //加上自身的长度 1
}
void solve() {
  int ans = 0;
  cin >> n >> m;
  for (int i = 1; i <= n; i++)
    for (int j = 1; j <= m; j++)
            cin >> d[i][j];
  for (int i = 1; i <= n; i++)
    for (int j = 1; j <= m; j++)
            ans = max(ans, dfs(i, j));
  cout << ans;
}
```

算法复杂度分析:本解法的状态总数为 nm,每个状态至多由 4 个相邻状态转移而来,状态转移为 $O(1)$,总复杂度为 $O(nm)$。

掌握了记忆化搜索的基本方法就可以比较容易地编写区间动态规划的代码。区间动态规划,顾名思义,就是在一些区间上做动态规划。其表现形式往往为题目要求一个大区间的最优解,由于直接求解的方案数过多,可以通过将其划分为若干小区间,从而将原问题分解为几个容易求解的子问题,再根据题目要求组合得到原问题的解。

【例 6.16】 有排成一排的 n 堆石子,从左往右第 i 堆有 d_i 个石子。将相邻两堆石子进行合并的代价为两堆石子的石子个数之和。请设计一个方案,将 n 堆石子合并为一堆石子且代价最少(n 不超过 500)。例如,初始有 4 堆石子,分别为 $d=[4,4,2,5]$,此时可以先合并左边两个再合并右边两个得到 $d=[8,7]$,再整体合并得到 $d=[15]$,总代价为 $8+7+15=30$。

算法分析:每次找出最小的两堆进行合并,然而这样不断贪心求取局部最优解的做法是无法得到全局最优解的。就以上述例子为例,如果采用贪心算法的做法,先合并 4、2 得到 $d=[4,6,5]$,再合并 4、6 得到 $d=[10,5]$,再合并 10、5 得到 $d=[15]$,总开销为 $6+10+15=31$,而正解仅为 30。

注意,整个操作的最后一步是将两堆石子合并成一堆石子。而完成整个合并工作的代价由以下三部分构成。

(1) 合并出左边一堆石子的代价。
(2) 合并出右边一堆石子的代价。
(3) 将左右两堆石子进行合并的代价。

其中第(3)个部分的代价很好计算,就是合并后所有石子的总个数。而前面两个部分的代价实际上是在求解原问题的子问题。

对于这种区间选取问题,一般用 $dp[i][j]$ 表示将第 i 堆到第 j 堆合并为一堆的最小代价。将第 i 堆到第 j 堆合并完成的前一状态是第 i 堆到第 j 堆已经被组合为两堆。所以枚举从第 i 堆到第 j 堆中的所有可能的分界点,找到代价最小的那个分界点,以此作为从第 i 堆到第 j 堆完成整体合并的前一个状态。由此,可以列出转移方程:

$$dp[i][j] = \min(dp[i][j], dp[i][x] + dp[x+1][j] + \sum d[i] \sim d[j])(i \leqslant x < j)$$

在做区间动态规划时,可以从区间 $1 \sim n$ 递归向更小的区间。任何区间在求解过后,都将结果保存下来,如果再次递归到该区间时即可直接调用(重叠子问题)。注意,当 $i=j$ 时表示只有一堆石子,合并代价为 0,即 $dp[i][i]=0$。此外,为了快速计算上面转移公式的最后一部分,可以预先计算整个数组的前缀和。

参考代码如下:

```
long long dp[501][501], d[501], sum[501];
long long dfs(int i, int j) {
    if (dp[i][j]) return dp[i][j];        //重叠子问题:如果已经处理过,直接返回结果
    if (i == j) return 0;
    long long ans = LLONG_MAX;
    for (int x = i; x < j; x++) ans = min(ans, dfs(i, x) + dfs(x + 1, j) + sum[j] - sum[i - 1]);
    //尝试合并 i 至 x 以及 x + 1 至 j,计算合并的总代价,取最小的一个作为最终结果
    return dp[i][j] = ans;
}
void solve() {
    int n;
    cin >> n;
    for (int i = 1; i <= n; i++) {
        cin >> d[i];
        sum[i] = sum[i - 1] + d[i];   //前缀和
```

```
        }
        cout << dfs(1, n);
}
```

算法复杂度分析：本解法的状态总数为 $n^2/2$，每个状态至多由 n 个子状态转移而来，状态转移为 $O(n)$，总复杂度为 $O(n^3)$。

【例 6.17】 有 n 堆石子排成一个圆圈，从顺时针数第 i 堆有 a_i 个石子。每次操作，将相邻两堆石子进行合并的代价为两堆石子的石子个数之和。请设计一个方案将所有相邻堆合并为一堆石子且代价最小（n 不超过 250）。

算法分析：本题与例 6.16 差不多，但是注意，这里石子的布局形成了一个圆圈，也就是在例 6.16 中，第一个石子可以和最后一个石子合并。这样的改变使得题目难度提升了不少。可以分析得到，n 堆石子需要合并 $n-1$ 次，而 n 堆石子构成圆圈有 n 个相邻关系可供合并，会有一个相邻关系不发生合并。因此可以枚举这个不发生合并的相邻关系，将其"斩断"为一条链（见图 6.11），将题目转换成例 6.16，求出所有"斩断"方式的最小代价后，取最小的一个即可。考虑到每次斩断后做动态规划的复杂度为 $O(n^3)$，整个问题需要枚举 n 个可能的"斩断"位置，这样将使得复杂度上升到 $O(n^4)$。

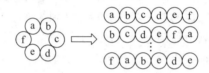

图 6.11 从不同的位置将圆圈打开成一条链

如何在 $O(n^3)$ 的时间限制内完成工作呢？注意到，每次将圆环打断后，都对链条的所有区间重新做了动态规划，而实际上有很多小区间在不同的打断方式下都是一样的（重叠子问题），没有必要重复计算。这里可以用到一个技巧，将圆环"打开"成一条链，然后将链"复制"一份再拼接到原链的后面，这样对这个长度为 $2n$ 的长链，原来所有可能的"斩断"后的链都包含在内了。因此只需要求出在这条长链中的所有长度为 n 的区间的最小合并代价，然后取最小即可。

参考代码如下：

```
long long dp[501][501], d[501], sum[501];
long long dfs(int i, int j) {
    if (dp[i][j]) return dp[i][j];          //重叠子问题:如果已经处理过,直接返回结果
    if (i == j) return 0;
    long long ans = LLONG_MAX;
    for (int x = i; x < j; x++) ans = min(ans, dfs(i, x) + dfs(x + 1, j) + sum[j] - sum[i - 1]);
    return dp[i][j] = ans;
}
void solve() {
    int n;
    cin >> n;
    for (int i = 1; i <= n; i++) {
```

```
        cin >> d[i];
        sum[i] = sum[i - 1] + d[i];
    }
    for (int i = 1; i <= n; i++) sum[i + n] = sum[i + n - 1] + d[i];  //复制为2倍的串
    dfs(1, n + n);
    long long ans = LLONG_MAX;
    for (int i = 1; i <= n; i++) ans = min(ans, dp[i][i + n - 1]);    //找出最佳切分方式
    cout << ans;
}
```

算法复杂度分析：本解法的状态总数为 $2n^2$，每个状态至多由 $2n$ 个子状态转移而来，状态转移为 $O(n)$，总复杂度为 $O(n^3)$。当然，也可以只计算 n 个长度为 n 的子区间，而不计算长度超过 n 的区间，这样计算速度会快一些，但复杂度仍然是 $O(n^3)$。

【例6.18】 括号序列。给定一段由"{}[]()"组成的括号序列 S，请从中移除若干括号，使得剩下的成为合法序列。问，最长的合法序列是多长？合法序列指满足如下条件的序列。

(1) 空串为合法序列。

(2) 如果 S 是合法序列，则 (S)、$[S]$、$\{S\}$ 都是合法序列。

(3) 如果 S、T 都是合法序列，则 ST 为合法序列。

例如()、[]{}、([])、([{}])、([[]]{})、()[{}]([{{}}])都是合法的括号序列；而)(、([)]、((())、(}都不是合法的括号序列。

算法分析：此题的规则比较复杂，在不知道动态规划算法时，可能会想直接穷举，但是很显然复杂度非常高。但是从动态规划的思想出发，一个大的最优解问题可以转换为求解若干小的最优解问题的叠加，而每个小问题都是一个重叠子问题，可以用动态规划加速。此题仍然可以按照此思路来求解。

可以注意到，条件(1)实际上描述了一个合法串的起源，而条件(2)、条件(3)描述了如何由一个短的合法串扩展为一个长的合法串，因此任何合法串一定可以用这三个条件逐步迭代而成，反过来，任何合法串也一定可以用条件(2)、条件(3)还原为空串。

可以设初始问题为处理整个串，然后不断尝试运用条件(2)、条件(3)或者丢弃括号将初始问题不断分解到更小的问题，在此过程中寻找出可能保留的最长串。

当需要处理一个串 S 时，可以尝试以下 3 种消解方案。

(1) 若 S 串两侧正好配对，则可以将两侧括号去掉，求中间剩余部分的最长合法长度，最长合法长度等于中间部分最长合法长度+2。(条件2)

(2) 将 S 串断开成两部分，对两边分别求最长合法长度，将结果拼起来，最长合法长度等于左侧最长合法长度+右侧最长合法长度。(条件3)

(3) 丢弃一个括号，分别尝试丢弃 S 的最左侧和最右侧。(丢弃)

在以上三种消解方案中，取最优的结果作为整段的最优结果。

因此，整体的转移方程为

$$dp[i][j] = \begin{cases} dp[i+1][j-1] + 2 & S[i] = S[j] \\ \max_{i \leqslant k \leqslant j-1}(dp[i][j], dp[i][k] + dp[k+1][j]) & S[i] \neq S[j] \end{cases}$$

注意,上述第二个转移方程实际上包含了前面提到的第(2)、(3)种消解方案,因为当 $k=i$ 时,实际上等于把最左侧一个括号抛弃了;而当 $k=j-1$ 时,等于把最右侧一个括号抛弃了;其他情况,相当于切断成左右两段再分别尝试拆解。参考代码如下:

```
char s[555];
int dp[501][501];
int dfs(int i, int j) {
    if (dp[i][j] >= 0) return dp[i][j];  //重叠子问题:如果已经处理过,直接返回结果
    if (i >= j) return dp[i][j] = 0;
    if (s[i] == '(' && s[j] == ')' || s[i] == '[' && s[j] == ']' || s[i] == '{' && s[j] == '}')
        dp[i][j] = max(dp[i][j], 2 + dfs(i + 1, j - 1));     //两侧是括号的消解方式
    for (int x = i; x < j; x++)
        dp[i][j] = max(dp[i][j], dfs(i, x) + dfs(x + 1, j));  //拆开成两段的消解方式
    return dp[i][j];
}
void solve() {
    int n;
    cin >> n >> s + 1;
    memset(dp, -1, sizeof(dp));          //由于可能很长一段的解为0,需要预设-1
    cout << dfs(1, n) << '\n';
}
```

算法复杂度分析:本解法的状态总数为 $n^2/2$,每个状态至多由 n 个子状态转移而来,状态转移为 $O(n)$,总复杂度为 $O(n^3)$。

【例6.19】 抢分游戏。有一排 n 个石子,第 i 个石子有一个分值 d_i,玩家甲和玩家乙轮流从这一排石子的两头取石子。玩家甲取掉第 i 个石子后,他的得分增加 d_i;玩家乙取掉第 i 个石子后,他的得分增加 d_i。玩家们的目标都是最大化自己的得分,假定他们都最佳发挥,请问该游戏的最终分差是多少?例如,如果初始的三堆石头是 [10,100,10],那么玩家甲无论取左边还是右边都是10分,而玩家乙会取掉刚暴露出来的100,玩家甲只好取走最后一个10,最后游戏分是 −80 分。又如,一开始有6堆石头分别为 [4,2,9,7,1,5],玩家甲会先取走5,玩家乙会取走4,接下来玩家甲应该取走1,而玩家乙无论取走2或者7,玩家甲都可以取走9,最后一个7或者2是玩家乙的,最终游戏分为2分。如果玩家甲在第三轮比较贪心,取走的是2,那么玩家乙会取走9,然后玩家甲只能取走7,玩家乙取走1,最终游戏分差为0分。

算法分析:虽然双方都想最大化自己拿掉的石头价值,但是并不是每一步都会选最大的,因此不能直接使用贪心算法。但由于双方对石子的操作规则是一致的,且目标都是最大化自己的得分(即最小化对方得分),因此对于同一段石子,不同的玩家的最优策略是固定的(重叠子问题),所以可以运用区间动态规划来求出所有区间的最大分差。

按照游戏规则,每位玩家只能从左侧或者右侧取一个,如果用 $dp[i][j]$ 表示面对从第 i 个石子到第 j 个石子这一局面时可以获得的最大分差,则如果某玩家取掉左边,他将获得 $d[i]$ 的分值,而对手将面对从第 $i+1$ 个石子到第 j 个石子这一局面,对方可以获取的最大分差为 $dp[i+1][j]$,因此在双方都采取最优策略的情况下,分差为 $d[i]-dp[i+1][j]$。类似可得,如果此时选择取最右边,则游戏总分差为 $d[j]-dp[i][j-1]$。

当然，玩家可以在两种情况下选择一个对自己更有利的，由此可以得到转移方程：
$$dp[i][j] = \max(d[i] - dp[i+1][j], d[j] - dp[i][j-1])$$
通过记忆化搜索，递归计算即可解出此题。

完整的参考代码如下：

```
long long dp[3000][3000], d[3000];
long long dfs(int i, int j) {
    if (dp[i][j]) return dp[i][j];            //重叠子问题:如果已经处理过,直接返回结果
    if (i == j) return dp[i][j] = d[i];       //只剩一个数字,直接得分
    return dp[i][j] = max(d[i] - dfs(i + 1, j), d[j] - dfs(i, j - 1)); //取左侧或者取右侧
}
void solve() {
    int n;
    cin >> n;
    for (int i = 0; i < n; i++) cin >> d[i];
    cout << dfs(0, n - 1);
}
```

算法复杂度分析：本解法的状态总数为 $n^2/2$，每个状态至多由两个状态转移而来，状态转移为 $O(1)$，总复杂度为 $O(n^2)$。

在区间动态规划的最后，本节提供一个不采用记忆化搜索技术求解区间动态规划的方法。在记忆化搜索中，大问题被分解为若干小问题，并选取最优的一个分解方式；而在下面不采用记忆化搜索的代码中，小结果不断组合为大结果，从而得到完整的结果。

参考代码如下：

```
long long dp[3000][3000], d[3000];
void solve() {
    int n;
    cin >> n;
    for (int i = 0; i < n; i++) {
        cin >> d[i];
        dp[i][i] = d[i];
    }
    for (int i = 1; i < n; i++)                //枚举区间长度
        for (int l = 0; l < n - i; l++)        //枚举区间起点
            dp[l][l + i] = max(d[l] - dp[l + 1][l + i], d[l + i] - dp[l][l + i - 1]);
                                               //取左侧或者取右侧
    cout << dp[0][n - 1];
}
```

通过上述几题，可以发现，通过记忆化搜索可以很方便地写出区间动态规划的代码，也可尝试按照从小区间到大区间的递推顺序写出正向动态规划进行对比。当面对一个问题时，可以根据给定的转移规范计算出各种转移方式对应的子问题的最优解（最优子结构），并用这些子问题的最优解组合成本问题的最优解。在上面的区间动态规划中，由于一个固定区间的最优解只取决于其内部的属性，并不与外界环境相联系（无后效性），因此再次需要求解该区间时，只需要直接返回第一次求解时的答案即可（重叠子问题）。当然，对于部分较难

的题目而言,直观的转移方式可能看起来有一定后效性,对于这种题目,可能需要对状态记录、状态转移进行一定调整,使得状态的计算无后效性,进一步的讨论已经超出本章的范畴感兴趣的读者可自行查阅相关资料。

6.5 小结

通过本章的例题应该可以发现,虽然动态规划有一定特征,但每个问题都需要根据其具体情况设定状态、推导状态转移方程,因此做好动态规划需要有较强的逻辑推理能力。由于动态规划强调思维能力的特征,因此熟练掌握常见的动态规划形态,是一位算法竞赛选手由入门到进阶的重要标志,是算法竞赛选手必须掌握的一项技术。更进一步,动态规划还可以与图论、线段树、数论、组合数学等其他中高级知识相结合,构成一些难度非常高的题目(这已超出了本书的讨论范围,感兴趣的读者可自行查阅相关资料)。

习题

1. 运用动态规划求解连续区间最大和问题的算法复杂度为( )。
   A. $O(1)$　　　　B. $O(n)$　　　　C. $O(n^2)$　　　　D. $O(2^n)$
2. 运用动态规划求解 n 个物品,背包容量为 m 的 0-1 背包问题的算法复杂度为( )。
   A. $O(n+m)$　　B. $O(2^{n+m})$　　C. $O(2^n m)$　　D. $O(nm)$
3. 在 0-1 背包问题中,如果用 w 表示当前考察的物品质量,v 表示当前考察物品的价值,dp[i]表示总质量为 i 时物品的最大价值,则状态转移方程为( )。
   A. dp[i]=dp[$i-w$]+v　　　　B. dp[$i-w$]=dp[i]+v
   C. dp[w]=dp[i]+v　　　　D. dp[i]=dp[w]+v
4. 运用动态规划求解问题时所需满足的两个前提条件是_____和_____,动态规划算法实现加速的条件是_____。
5. 出于篇幅考虑,例 6.12 没像 0-1 背包问题和完全背包问题一样依次给出考虑各个物品后的 dp 数组的变化情况,请计算出 dp 数组的变化。假定共有 5 个物品,其大小分别是 1、2、3、2、1,其质量分别是 2、3、1、2、1,其价值分别是 3、6、4、4、3;背包的总容量是 5,最大载重为 4。
6. 在例 6.3 中每次只能向后跳 1 个或者 2 个木桩,如果现在修改为只能跳 1~R 个木桩或者只能向后跳 L~R 个木桩,又该如何求解?
7. 在例 6.5 中采取了自上而下的动态规划写法,以此计算了从上到下到达每个位置所经过的数字的和的最大值。是否可以反过来做动态规划,即从下往上计算到达每个位置所经过的数字的和的最大值?
8. 在例 6.6 中设计了一个 $O(n^2)$ 的做法来求解最长上升子序列问题。请尝试回答两个问题:①如果题目换成最长不降子序列,则代码需要如何修改?②是否有复杂度低一些的算法,如 $O(n\log n)$?
9. 在例 6.9 的 0-1 背包问题中,用 dp[i]记录了容量为 i 时的最大价值。现在将题目的数据范围修改为"物品数量不超过 100 个,背包总载重不超过 10 亿,单个物品质量不超过 10 亿,单个物品的价值不超过 1000",其他规则不变,请用动态规划求解此题。

10. 例 6.13 中的两个小问题都只要求将 n 拆分成 m 个正整数的和,并未对正整数的范围作进一步限制,试在下面两个限制条件下再次求解例 6.13:①正整数的值不超过 P;②要求正整数都是质数。

11. 在求解例 6.13 环形石子合并一题时,将长度为 n 的环形石子切开成一条链,并将该链复制后拼接于原链后面,这样所有可能的切开方案都被包含在了这条长度为 $2n$ 的长链中。在例 6.13 中提供的代码中,直接对这条长链用递归方法进行了动态规划,实际计算了大量长度超过 n 的区间合并价值(如长度为 $n+1, n+2, \cdots, 2n$),这对于最终结果是无意义的。可否只计算长度不超过 n 的区间的合并价值?如可以,算法复杂度是多少?试编写程序,并测试运行速度的差异。

12. 例 6.19 中提供了一个非递归求解区间动态规划的代码,该代码复杂度是多少?请自行设计数据测试递归写法和非递归写法的运行速度。

13. 人民币有 1 元、5 元、10 元、20 元、50 元、100 元 6 种面值,现在需要用这些面值的纸币组合出 1987 元,请问有多少种不同的组合方式?

14. 给定 n 件物品,第 i 件物品的价值为 v_i。需要将这 n 件物品全部分给两位同学,要求两位同学所获得的物品的总价值尽量接近,应该怎么分?

第 7 章

智 能 算 法

CHAPTER 7

7.1 智能算法的分类

智能算法是一种高级计算方法,其思想是基于模仿、模拟或启发于自然界和人类智慧的原理和方法来设计和实现能够自主学习、适应和优化的算法。这种思想的核心在于使计算机能够像人类一样处理问题,学习经验,并在不断的迭代和学习中改进其性能。这类算法通常具有自适应性,能够从数据中学习和提取信息,并根据学到的信息优化自身的性能。

智能算法主要可以分为以下几类。

(1) 机器学习算法。这是一类能够从数据中学习的算法,包括监督学习(如线性回归、支持向量机、决策树、神经网络等)、无监督学习(如聚类、主成分分析等)、半监督学习、强化学习等。

(2) 进化算法。这类算法通过模拟生物进化过程来进行优化,包括遗传算法、粒子群优化、蚁群优化、差分进化等。

(3) 模糊系统和神经网络。这类算法试图模拟人类的模糊逻辑思维和大脑的工作方式,包括模糊逻辑系统、神经网络、深度学习等。

(4) 启发式搜索算法。这类算法通常用于解决优化问题,包括模拟退火、爬山法、禁忌搜索、人工免疫系统等。

(5) 自然语言处理和语义理解算法。这类算法用于理解和生成人类语言,包括词性标注、命名实体识别、情感分析、机器翻译、问答系统等。

(6) 知识表示和推理算法。这类算法用于表示和推理知识,包括专家系统、描述逻辑、贝叶斯网络、马尔可夫决策过程等。

以上各类智能算法在各自的领域有广泛的应用,如数据挖掘、自然语言处理、计算机视觉、机器人、生物信息学、金融预测等。本章将重点介绍三种主要的智能算法:粒子群优化(Particle Swarm Optimization,PSO)算法、模拟退火(Simulated Annealing,SA)算法和禁忌搜索(Tabu Search,TS)算法。

粒子群优化算法模拟了鸟群觅食的行为,在解决优化问题时表现出良好的性能。7.2 节从粒子群优化算法的基本概念入手,解释其工作原理和基本算法步骤,并且介绍粒子的状态表示、速度更新和适应度评估等关键概念。同时,7.2 节将深入讨论粒子群优化算法中参数的选择和调优技巧,以及如何应对问题的约束条件和多目标优化情况。

模拟退火算法是一种基于物理退火过程的优化算法,它模拟了材料退火过程中的分子行为。这种算法在组合优化、函数优化和约束优化等问题上展现出了强大的求解能力。7.3 节将阐述模拟退火算法的基本原理和思想,介绍如何将问题映射到退火过程中的能量函数,并解释退火过程中的温度调度策略和邻域搜索操作。同时,进一步讨论模拟退火算法中的参数设置和调优技巧,包括初始温度的选择、退火速度的调整以及停止准则的确定。了解如何正确设置这些参数是确保模拟退火算法性能的关键,并提供实践中常用的启发式方法和经验法则。

禁忌搜索算法是一种元启发式算法,常用于解决组合优化问题。它通过维护一个禁忌表来避免搜索过程中陷入局部最优解,并通过引入禁忌策略来指导搜索方向。

7.2 粒子群优化算法

7.2.1 算法概述

粒子群优化算法在 1995 年由 Kennedy 和 Eberhart 首次提出,最初是用于模拟鸟群的社会行为,算法的基本思想是通过模拟一群粒子在解空间中搜索来找到问题的最优解。在粒子群优化算法中,粒子是搜索过程的基本单元,其主要作用如下:

(1) 表示潜在解:粒子的位置表示解空间中的一个点,这个点对应于优化问题的一个潜在解。通过评估粒子的位置,可以得到该位置对应的目标函数值,即适应度值。

(2) 存储历史信息:每个粒子不仅表示当前位置,还存储其搜索历史中的最佳位置,即个体最优(pbest)。这是粒子在过去的迭代过程中找到的具有最佳适应度值的位置。

(3) 搜索和探索:粒子通过更新其速度和位置来在解空间中移动。速度的更新考虑了粒子的历史最佳位置和整个群体的全局最佳位置,即全局最优(gbest)。这使得粒子能够在搜索过程中平衡好对新区域的搜索和在已知的好区域中进行精细搜索。

(4) 信息交流:粒子通过全局最优解来与其他粒子交流信息。当一个粒子找到一个更好的解时,这个信息会被传播到整个粒子群,使其他粒子能够朝着这个更好的方向移动。

(5) 引导搜索方向:粒子的速度和位置的更新是根据其个体最优和全局最优来进行的。这意味着粒子会根据自己的经验和整个群体的经验来调整其搜索方向。

总体来说,粒子在粒子群优化算法中起到了探索解空间、存储和交流信息、引导搜索方向的作用,是算法寻找最优解的关键组成部分。

7.2.2 算法步骤

以下是粒子群优化算法的基本步骤。

(1) 初始化。在解空间中随机生成一群粒子的位置和速度。

(2) 评估。计算每个粒子的适应度值,即该粒子位置对应的目标函数值。

(3) 更新个体和全局最优。对于每个粒子,比较其当前适应度值与其历史最佳适应度值。如果当前适应度值更好,则更新该粒子的历史最佳位置。同时,从所有粒子中选取具有最佳适应度值的粒子,并将其位置设置为全局最佳位置。

(4) 更新速度和位置。使用以下公式更新每个粒子的速度和位置:

$$v[i] = w * v[i] + c1 * rand() * (pbest[i] - x[i]) + c2 * rand() * (gbest - x[i])$$
$$x[i] = x[i] + v[i]$$

其中,$v[i]$ 是粒子 i 的速度;$x[i]$ 是粒子 i 的位置;w 是惯性权重;$c1$ 和 $c2$ 是学习因子;rand() 是一个随机数;$pbest[i]$ 是粒子的历史最佳位置;$gbest[i]$ 是全局最佳位置。

(5) 终止条件。如果满足终止条件,例如达到最大迭代次数或解的质量达到预定阈值,则算法终止;否则返回步骤(2)。

粒子群优化算法在许多领域都得到了应用,包括函数优化、神经网络训练、机器学习、图像处理等。它的优点是简单、易于实现和理解。然而,它也有一些缺点,如可能陷入局部最优解,以及调整参数(如惯性权重和学习因子)可能较为困难。

7.2.3 参数设置

在粒子群优化算法中,选择合适的参数对于算法的性能至关重要。以下是粒子群优化算法中一些关键参数及其选择和调整技巧。

(1) 粒子数量。选择粒子数量时,需要在计算效率和搜索能力之间取得平衡。较少的粒子数量可能会导致搜索空间不够充分,而较多的粒子数量可能会增加计算时间。通常,粒子数量为20~100。对于复杂问题,可以考虑使用更多的粒子。

(2) 惯性权重。惯性权重控制粒子在搜索空间中保持全局搜索和局部搜索之间的平衡。较大的惯性权重值(如接近1)将增加全局搜索能力,而较小的值(如接近0)会增加局部搜索能力。一种常见的策略是使用线性递减的惯性权重,即开始时使用较大的值,然后逐渐减小。

(3) 认知和社会因子。认知因子$c1$控制粒子根据其个人最佳位置进行搜索的倾向,而社会因子$c2$控制粒子根据群体最佳位置进行搜索的倾向。通常,$c1$和$c2$的值设置在区间$[1,2]$。较高的$c1$值使粒子更倾向于局部搜索,而较高的$c2$值使粒子更倾向于全局搜索。

(4) 最大速度。限制粒子的最大速度可以防止粒子在搜索空间中飞得太快,从而错过潜在的优秀解。最大速度通常设置为搜索空间范围的一定比例,例如10%~20%。

(5) 终止条件。粒子群优化算法可以根据多种终止条件来停止,包括最大迭代次数、目标函数达到预定阈值或解的改进小于特定值。

(6) 拓扑结构。粒子群优化算法的拓扑结构决定了粒子如何与其他粒子通信。常见的拓扑结构包括全局拓扑和局部拓扑。全局拓扑即每个粒子都能看到所有其他粒子的信息,局部拓扑中粒子只能看到其邻居的信息。局部拓扑通常更适合于复杂问题,因为它们允许更多的多样性和更广泛的搜索。

(7) 参数适应性。在某些情况下,可以考虑在优化过程中动态调整参数,如惯性权重、认知和社会因子等。例如,可以使用时间变化的惯性权重,开始时较大以增加全局搜索,然后逐渐减小以增加局部搜索。

(8) 约束处理。在处理约束优化问题时,需要考虑如何处理约束。常见的方法包括惩罚函数、修复策略和使用启发式来引导搜索。

(9) 多目标优化。对于具有多个目标函数的问题,需要使用专门的多目标版本的粒子群优化算法,如MOPSO(Multi-Objective Particle Swarm Optimization,多目标粒子群)算法。

(10) 随机化因素。粒子群优化算法是一种随机算法,因此在初始化和更新粒子时涉及随机数。为了获得可重复的结果,可以考虑设置随机数生成器的种子。

在使用粒子群优化算法时进行多次试验和参数调整,以找到适合特定问题的最佳参数组合。此外,考虑使用高级版本的粒子群优化算法,如增强粒子群优化(Enhanced PSO)算法或多目标粒子群优化(MOPSO)算法,以更好地解决复杂和多目标问题。

7.2.4 案例讲解

粒子群优化算法是一种通用的优化算法,可以应用于多种问题,包括连续和离散优化问题。以下是一些常见的应用领域及具体实例。

（1）神经网络训练。在神经网络中，权重和偏差需要通过训练来优化。粒子群优化算法可以用于优化神经网络的权重和偏差，以最小化预测误差。

（2）路径规划。在路径规划中，粒子群优化算法可以用于找到从起点到终点的最短或最优路径，同时考虑避免障碍物和满足其他约束。

（3）图像处理和计算机视觉。在图像分割中，粒子群优化算法可以用于确定将图像分割成不同区域的最佳阈值，以便更好地识别图像中的对象。

（4）优化和调度问题。在生产调度问题中，粒子群优化算法可以用于确定生产顺序和时间，以最小化生产成本和最大化生产效率。

（5）特征选择和数据挖掘。在数据挖掘中，粒子群优化算法可以用于选择最具区分能力的特征子集，以提高分类或回归模型的性能。

（6）电力系统优化。在电力系统中，粒子群优化算法可以用于优化发电机的输出，以满足负载需求，同时最小化燃料成本和排放量。

（7）游戏和动画。在视频游戏和动画制作中，粒子群优化算法可以用于优化角色的动作和路径，以实现更真实和高效的动画。

（8）工程设计。在航空工程中，粒子群优化算法可以用于优化飞机翼的形状和大小，以达到最佳的空气动力学性能。

这些只是粒子群优化算法应用的一些示例，实际上，它可以应用于任何需要找到最优解的问题中。

【例7.1】 珠江三角洲地区有一个小型制造工厂可以生产三种产品：A、B和C。每种产品的生产需要不同的时间：产品A需要2小时，产品B需要3小时，产品C需要1小时。工厂每天工作8小时，需要确定每天生产每种产品的数量，以最大化利润。每个产品A的利润是\$5，每个产品B的利润是\$8，每个产品C的利润是\$3。工厂每天的开销是\$20。工厂每天应该分别生产每种产品的数量是多少，才能最大化总利润？

算法分析：可以使用粒子群优化算法来求解这个问题。每个粒子表示一种可能的生产调度，即每种产品的生产数量；粒子的位置表示生产数量，粒子的适应度是总利润。执行以下求解步骤。

（1）初始化，随机生成30个粒子。每个粒子的位置是一个三元组(x,y,z)，表示生产产品A、B和C的数量。

（2）评估每个粒子的适应度值。如果一个粒子的位置是$(2,1,2)$，则其适应度值是$5\times2+8\times1+3\times2-20=4$，但这个粒子不满足工作时间的约束。如果粒子的当前适应度值大于其历史最佳适应度值，则更新其历史最佳位置，并且更新全局最佳位置。具体代码如下：

```
double calculateFitness(int a, int b, int c) {
    int productionTime = 2 * a + 3 * b + c;
    if (productionTime > 8) return -1e9; //如果生产时间超过8小时，返回一个非常小的适应度值
    return 5 * a + 8 * b + 3 * c - 20;    //返回利润值
}

//初始化粒子
```

```
void initialize() {
  for (int i = 0; i < NUM_PARTICLES; i++) {
    particles[i].a = rand() % 9;              //随机初始化产品 A 的数量
    particles[i].b = rand() % 6;              //随机初始化产品 B 的数量
    particles[i].c = rand() % 17;             //随机初始化产品 C 的数量
    particles[i].fitness = calculateFitness(particles[i].a, particles[i].b, particles[i].c);
                                              //计算适应度值
    pBest[i] = particles[i];                  //初始化个体最佳
    if (i == 0 || pBest[i].fitness > gBest.fitness) {
      gBest = pBest[i];                       //更新全局最佳
    }
  }
}
```

（3）使用粒子群优化算法的速度和位置更新公式来更新每个粒子的速度和位置。同时要确保产品数量不能为负。实现过程代码如下：

```
void update() {
  for (int i = 0; i < NUM_PARTICLES; i++) {
    double r1 = randDouble();
    double r2 = randDouble();
    //根据粒子群优化算法的公式更新速度和位置
    particles[i].a += W * particles[i].a + C1 * r1 * (pBest[i].a - particles[i].a) +
      C2 * r2 * (gBest.a - particles[i].a);
    particles[i].b += W * particles[i].b + C1 * r1 * (pBest[i].b - particles[i].b) +
      C2 * r2 * (gBest.b - particles[i].b);
    particles[i].c += W * particles[i].c + C1 * r1 * (pBest[i].c - particles[i].c) +
      C2 * r2 * (gBest.c - particles[i].c);
    //确保产品数量不为负
    particles[i].a = particles[i].a < 0 ? 0 : particles[i].a;
    particles[i].b = particles[i].b < 0 ? 0 : particles[i].b;
    particles[i].c = particles[i].c < 0 ? 0 : particles[i].c;
    //计算新的适应度值
    particles[i].fitness = calculateFitness(particles[i].a, particles[i].b, particles[i].c);
    //更新个体最佳和全局最佳
    if (particles[i].fitness > pBest[i].fitness) {
      pBest[i] = particles[i];
      if (pBest[i].fitness > gBest.fitness) {
        gBest = pBest[i];
      }
    }
  }
}
```

（4）重复步骤（2）和（3），如果达到最大迭代次数或解的质量达到预定阈值，则算法终止。

最终，全局最佳位置收敛到（0,0,8），这意味着为了最大化利润，工厂应该每天生产 0 个产品 A、0 个产品 B 和 8 个产品 C。总利润＝0×1＋0×8＋8×3－20＝4。

由于粒子群优化是一种基于随机性的算法，每次运行的结果可能略有不同，因此并不能一次运算求出最优解，在实际应用中，可能需要多次运行算法并调整参数以获得更可靠的结果。

【例7.2】 粤东地区开展新农村建设活动，某村民承包了一个鱼塘。该鱼塘有一个简化的电力系统，包含三台发电机。每台发电机有不同的成本函数，表示为成本与发电量的关系。假设只考虑启动和停机成本，每台发电机的成本函数如下：

$$C1=0.5 \cdot P1^2+2 \cdot P1+20(启动成本=5, 停机成本=3)$$
$$C2=0.3 \cdot P2^2+3 \cdot P2+15(启动成本=6, 停机成本=4)$$
$$C3=0.4 \cdot P3^2+2.5 \cdot P3+10(启动成本=4, 停机成本=2)$$

其中，$P1$，$P2$ 和 $P3$ 分别是三台发电机的发电量。鱼塘的总负载需求为 $PL=210MW$。问村民应该如何发电，能使得满足鱼塘需求的同时成本最低？

算法分析：同样可以使用粒子群优化算法来求解这个问题。每个粒子表示一种可能的发电调度，粒子的位置表示每台发电机的输出功率，粒子的适应度是总成本的负值。在计算适应度时，要考虑发电机的启动和停机成本。如果发电机在当前调度中被使用，需要加上启动成本。如果发电机在当前调度中没有被使用，需要加上停机成本。实现的伪代码如图7.1所示。

```
double calculateFitness(double p1, double p2, double p3) { // 定义计算适应度的函数
    double totalPower = p1 + p2 + p3; // 计算三台发电机的总发电量
    if (totalPower < 210) return 1e9; // 如果总发电量小于210，则返回一个非常大的适应度值
    return -calculateCost(p1, p2, p3); // 返回成本的负值作为适应度值
}
void initialize() {
    for (int i = 0; i < NUM_PARTICLES; i++) { // 对每一个粒子进行初始化
        do {
            随机初始化发电机1、2和3的发电量在[0,100]范围内
        } while (三台发电机的总发电量小于210); // 确保三台发电机的总发电量大于或等于210
        计算当前粒子的适应度值;
        pBest[i] = particles[i]; // 将当前粒子的位置和适应度值设置为其个体最优位置和适应度值
        if (i == 0 || pBest[i].fitness > gBest.fitness) { // 如果是第一个粒子或适应度值大于全局最优
            gBest = pBest[i]; // 更新全局最优位置和适应度值
        }
    }
}
```

图7.1 初始化粒子伪代码

假设有10个粒子，每个粒子的位置是一个三元组$(P1,P2,P3)$。需要计算每个粒子的适应度值，并更新它们的速度和位置。例如，对于一个粒子，如果其位置是$(70,80,60)$，表示三台发电机的输出功率分别为$P1=70, P2=80, P3=60$。将$P1=70, P2=80, P3=60$代入成本函数，可以分别计算发电机的发电成本如下：

$$C1=0.5\times70^2+2\times70+20+5=2665$$
$$C2=0.3\times80^2+3\times80+15+6=2014.0$$
$$C3=0.4\times60^2+2.5\times60+10+4=1754$$

总成本计算为 6433.0，并取负值作为适应度值。具体的算法求解步骤与上述例题相似，最终迭代优化得到粒子(55,85,70)，表示发电机 1 发电 55，发电机 2 发电 85，发电机 3 发电 70。最后的总成本为 6225。过程实现的伪代码见图 7.2。

```
void update() { // 定义更新粒子群的函数
    for (int i = 0; i < NUM_PARTICLES; i++) { // 遍历每一个粒子
        生成一个[0,1]的随机数 r1、r2；
        更新发电机 1、2 和 3 的发电量，考虑了惯性权重、个体最优和全局最优；
        如果发电机 1、2 和 3 的发电量为负，则将其设置为 0，否则四舍五入到最近的整数；
        计算三台发电机的总发电量；
        while (totalPower < 210) { // 如果总发电量小于 210
            逐步增加每台发电机的发电量；
        }
        计算当前粒子的适应度值；
        if (particles[i].fitness > pBest[i].fitness) { // 如果当前粒子的适应度值大于其个体最优适应度值
            pBest[i] = particles[i]; // 更新个体最优位置和适应度值
            if (pBest[i].fitness > gBest.fitness) { // 如果个体最优适应度值大于全局最优适应度值
                gBest = pBest[i]; // 更新全局最优位置和适应度值
            }
        }
    }
}
```

图 7.2　粒子更新伪代码

在电力系统的经济调度问题中，往往需要考虑更多的复杂性和约束来使问题更接近实际情况。例如：

（1）考虑传输损失。在电力系统中，电能在传输过程中会有损失。在模型中加入传输损失，以更准确地表示系统的总成本。

（2）考虑环境因素。环境因素，如温度和湿度，可能会影响发电机的效率。将这些因素纳入模型，以更准确地表示发电成本。

（3）考虑可再生能源。在现代电力系统中，可再生能源，如太阳能和风能扮演着越来越重要的角色。可以将这些能源纳入模型，并考虑它们的不确定性和间歇性。

（4）时间序列优化。可以考虑在一段时间内优化电力系统的经济调度，而不仅仅是在单个时间点。这涉及在不同时间段内平衡供需，同时考虑存储和需求响应。

这些约束使得求解变得更为复杂，但同样可以通过粒子群优化算法进行求解。

7.3　模拟退火算法

7.3.1　算法概述

模拟退火算法的基本原理和思想源于金属材料的退火过程，其中金属材料在高温下被加热然后缓慢冷却，以改善其内部结构和性能。类似地，模拟退火算法通过模拟这一退火过程,以一定的概率接受劣质解,并在搜索空间中进行随机游走,从而在解空间中搜索全局最优解或近似最优解。模拟退火算法的核心思想是允许在搜索过程中接受劣质解,以避免陷入局部最优解。这是通过设置一个控制概率的参数来实现的,即退火温度。在搜索的早期阶段,退火温度较高,接受劣质解的概率也较高,以便跳出局部最优解并探索更广阔的搜索空间。随着搜索的进行,退火温度逐渐降低,接受劣质解的概率减小,算法会逐渐收敛到一个较优的解。

在模拟退火算法中,通过定义一个能量函数或目标函数,将问题的解空间映射到能量空间中。算法的目标是在能量空间中最小化或最大化能量函数。退火过程中的温度控制策略决定了解的接受与否以及搜索的程度。邻域搜索操作用于在搜索空间中进行移动,以寻找潜在的更优解。通过合适的温度调控策略和邻域搜索操作,模拟退火算法能够在解空间中进行有针对性的搜索,从而找到较好的解。算法的性能和效果受到参数设置的影响,如初始温度、退火速度和停止准则等。

7.3.2 算法步骤

模拟退火算法的基本步骤如下。

(1) 初始化:选择一个初始解和初始温度,以及温度衰减系数。

(2) 迭代过程:在当前温度下进行多次迭代,每次迭代执行以下步骤。

① 扰动:在当前解的基础上,通过某种邻域操作生成一个新解。

② 评估:计算新解的目标函数值,并与当前解的目标函数值进行比较。

③ 接受准则:如果新解的目标函数值更优,那么接受新解作为当前解;如果新解的目标函数值较差,以一定的概率接受新解作为当前解。这个概率通常与温度和目标函数值的差距有关,常用 Metropolis 准则计算,即概率为

$$e^{-(\text{新解目标值}-\text{当前解目标值})/\text{当前温度}}$$

(3) 降温:在当前温度下完成一定次数的迭代后,降低温度。通常通过乘以一个介于 0~1 的常数来降低温度,即新温度 = 当前温度 × 衰减系数。

(4) 终止条件:当温度降到一个预定的阈值以下,或者达到最大迭代次数,或者解的变化小于一个预定阈值时,算法终止。

(5) 输出结果:输出当前解作为问题的近似最优解。

7.3.3 参数设置

在模拟退火算法中,参数设置对算法的性能和收敛性起着重要的影响。以下是一些关键的参数和调优技巧,可帮助提高模拟退火算法的效果。

(1) 初始温度是模拟退火算法的起始状态。较高的初始温度可以帮助算法在解空间中进行较大幅度的搜索,有助于跳出局部最优解。然而,过高的初始温度可能导致算法收敛缓慢或无法收敛。因此,选择适当的初始温度至关重要,它应该能够平衡全局搜索和局部搜索的需求。

(2) 退火速度决定了算法在搜索过程中温度的降低速度。退火速度过快可能导致算法过早陷入局部最优解,而退火速度过慢可能导致算法收敛速度过慢。选择合适的退火速度

可以平衡全局搜索和局部搜索的需求，以获得更好的性能和收敛性。

（3）停止准则用于判断模拟退火算法是否达到终止条件。一种常见的停止准则是设置最大迭代次数，当达到预定的迭代次数时终止算法。另一种常见的停止准则是设置目标函数的收敛阈值，当目标函数的变化小于阈值时终止算法。合理选择停止准则可以避免算法的过度计算或提前终止，以获得满意的解。

参数调优是优化模拟退火算法性能的重要环节，以下是一些常用的参数调优技巧。

（1）启发式方法。根据问题的特性和先验知识，通过经验法则或启发式方法来选择参数的初始值。例如：

① 冷却策略定义了温度如何随时间降低。常见的冷却策略包括几何冷却、线性冷却和对数冷却。几何冷却是最常用的，其中温度按比例降低，如 $T=\alpha T(0<\alpha<1)$。

② Metropolis 接受准则是最常用的，它允许以一定的概率接受劣解。概率通常基于当前温度和解的质量差异，如 $P(接受)=\exp(-\Delta f/T)$。

（2）自适应调整。根据算法在搜索过程中的表现，动态调整参数。例如：

① 可以根据接受和拒绝解的比例调整退火速度或降低温度的速率。

② 为了避免过早地陷入局部最优，可以在温度降低到一定程度后，将其重新提高到较高的值。这种技术允许算法在搜索过程中多次跳出局部最优。

③ 如果在连续几个迭代中解的质量没有显著改进，可以考虑增加邻域大小。

④ 在搜索过程中，可以通过向解添加随机扰动来增加探索性。

（3）参数搜索。通过尝试不同的参数组合及通过实验评估算法的性能，以找到最优的参数设置。例如：

① 初始温度应该足够高，以允许算法在早期阶段接受较差的解，从而增加搜索空间的探索。一种常见的启发式方法是通过实验来估计初始温度，使得在初始阶段，一定比例（如80%）的劣解被接受。

② 常见的终止条件包括最大迭代次数、最小温度或解的改进小于特定值。在实践中，通常使用多个终止条件的组合。

由于模拟退火是一种随机算法，因此可以通过多次运行算法并从不同的初始解开始来提高结果的质量，最终解可以是所有运行中找到的最佳解。在应用模拟退火算法时，根据具体问题的特性和需求，合理设置参数并进行调优非常重要。通过对参数进行适当的调整和优化，可以提高算法的性能和收敛速度，获得更好的解。

7.3.4 案例讲解

模拟退火算法在组合优化、函数优化和约束优化等问题上具有广泛的应用。在组合优化问题中，如旅行商问题、装箱问题、任务分配问题和图着色问题等，模拟退火算法能够寻找最优的排列或分配方案，以最小化资源的使用或满足特定的约束条件。函数优化问题涉及在给定的搜索空间中找到使目标函数最小化或最大化的变量取值，模拟退火算法可以通过调整变量的取值，寻找函数的最大值或最小值。约束优化问题是在满足一定约束条件下，找到使目标函数最优化的变量取值。模拟退火算法在处理约束优化问题时可以灵活地将约束条件引入能量函数中，并通过合适的邻域搜索操作找到满足约束条件的最优解，如解决线性规划和非线性规划问题。

【例 7.3】 有一个旅行者打算逛遍中国的各个省份。他计划先访问 4 个城市,分别表示为[0,1,2,3],并且为节省路费,每个城市只能访问一次,最后回到出发城市。每两个城市之间的距离是已知的。4 个城市之间的距离矩阵如表 7.1 所示。他的目标是找到一条路径,使得自己访问所有城市的总距离最短。

表 7.1 城市距离矩阵

起点城市	终点城市			
	城市 1	城市 2	城市 3	城市 4
城市 1	0	10	15	20
城市 2	10	0	35	25
城市 3	15	35	0	30
城市 4	20	25	30	0

旅行商问题是一个经典的组合优化问题,通过邻域搜索操作,例如交换和逆转城市的顺序,模拟退火算法可以搜索全局最优解或近似最优解。在实践中,可以定义能量函数来评估解的质量,例如总路径长度或访问每个城市的顺序。

算法分析:首先随机生成一个初始解,例如[2,0,3,1],表示旅行商首先访问城市 2,然后是城市 0,然后是城市 3,最后是城市 1,并返回城市 2。此时初始解的路径总距离是 15+20+25+35=95。在每次迭代中,随机交换路径中的两个城市,生成一个新的路径。实现代码如下:

```
int distance[NUM_CITIES][NUM_CITIES] = {     //定义城市之间的距离矩阵
  {0, 10, 15, 20},
  {10, 0, 35, 25},
  {15, 35, 0, 30},
  {20, 25, 30, 0}
};
//交换两个城市的位置来产生新的路径
void swap(int path[], int i, int j) {
    int temp = path[i];                      //保存第 i 个城市的位置
    path[i] = path[j];                       //将第 j 个城市的位置赋值给第 i 个城市
    path[j] = temp;                          //将保存的第 i 个城市的位置赋值给第 j 个城市
}
//计算给定路径的总距离
int calculateTotalDistance(int path[]) {
    int total = 0;
    for (int i = 0; i < NUM_CITIES - 1; i++) {
       total += distance[path[i]][path[i+1]]; //累加路径中相邻城市之间的距离
    }
    total += distance[path[NUM_CITIES-1]][path[0]]; //加上从最后一个城市返回到起始城市的
//距离
    return total;
}
```

例如,可能交换城市 0 和城市 3,生成新路径[2,3,0,1]。计算新路径的总距离为 30+20+10+35=95,并使用 Metropolis 准则来决定是否接受这条新路径。接着降低温度,并

继续迭代过程,直到满足终止条件。最后得到的最短路径是[2,0,1,3],路径的总距离为 80。过程实现的代码如下:

```c
int main() {
    srand(time(0));                                         //初始化随机数种子
    int currentPath[NUM_CITIES] = {0, 1, 2, 3};             //定义初始路径
    int bestPath[NUM_CITIES];                               //定义最佳路径
    for (int i = 0; i < NUM_CITIES; i++) {
        bestPath[i] = currentPath[i];                       //将初始路径复制到最佳路径中
    }
    int currentDistance = calculateTotalDistance(currentPath);//计算初始路径的总距离
    int bestDistance = currentDistance;                     //初始化最佳距离
    double temp = INITIAL_TEMP;                             //设置初始温度
    for (int i = 0; i < MAX_ITERATIONS; i++) {
        int city1 = rand() % NUM_CITIES;                    //随机选择一个城市
        int city2 = rand() % NUM_CITIES;                    //随机选择另一个城市
        while (city1 == city2) {
            city2 = rand() % NUM_CITIES;                    //确保选择两个不同的城市
        }
        swap(currentPath, city1, city2);                    //交换两个城市的位置
        int newDistance = calculateTotalDistance(currentPath);//计算新路径的总距离
        //如果新路径更好,或者满足模拟退火的条件,则接受新路径
        if (newDistance < currentDistance || exp((currentDistance - newDistance) / temp) > randDouble()) {
            currentDistance = newDistance;                  //更新当前距离
            if (newDistance < bestDistance) {
                bestDistance = newDistance;                 //更新最佳距离
                for (int j = 0; j < NUM_CITIES; j++) {
                    bestPath[j] = currentPath[j];           //更新最佳路径
                }
            }
        } else {
            //否则,撤销交换
            swap(currentPath, city1, city2);
        }
        temp *= COOLING_RATE;                               //降低温度
    }
}
```

【例 7.4】 教室准备进行大扫除,一些用不到的物品打算装箱带走。目前有 5 个物品,每个物品有一定的体积,分别为[2,3,4,5,6]。有 3 个箱子,每个箱子有一定的容量,容量均为 10。学生的目标是将所有物品装入箱子,使得使用的箱子数量最少。

装箱问题是另一个常见的组合优化问题,涉及将一组物品放置到有限数量和容量的箱子中,以最小化使用的箱子数量。装箱问题在物流、运输和仓储等领域中具有重要的应用。

算法分析:首先对 3 个箱子进行编号,分别为[0,1,2],并随机生成一个五元组的初始解,例如[0,1,2,0,1]。五元组分别表示 5 个物品,具体的值表示箱子编号。[0,1,2,0,1]表示物品 1 和物品 4 放入箱子 1,物品 2 和物品 5 放入箱子 2,物品 3 放入箱子 3。在每次迭代中,随机选择一个物品和一个箱子,并尝试将该物品移动到该箱子中,例如选择物品 1 和箱子 2。在尝试将物品移动到新箱子之前检查是否超过箱子的容量,如果超过,则此次扰动无效,继续下一次迭代。然后计算新解的箱子数量,并使用 Metropolis 准则来决定是否接受

这个新解。降低温度并继续迭代过程,直到满足终止条件。最后,输出找到的最佳解及其使用的箱子数量,得到箱子的分配是[2,2,1,2,1],使用了两个箱子。过程实现的伪代码见图 7.3。

```
int main() {
    初始化当前物品和箱子的分配,模拟退火初始温度;
    计算当前分配的使用箱子数量,并作为初始的最佳箱子数量;
    for (int i = 0; i < MAX_ITERATIONS; i++) {
        随机选择一个物品和一个新的箱子;
        currentAssignment[item] = newBox; // 将物品分配到新的箱子
        计算新分配的使用箱子数量;
        // 如果新分配更好,或者满足模拟退火的条件,则接受新分配
        if (newBoxes < currentBoxes || exp((currentBoxes - newBoxes) / temp) > randDouble()) {
            currentBoxes = newBoxes; // 更新当前使用的箱子数量
            if (newBoxes < bestBoxes) { // 如果新分配比最佳分配更好
                bestBoxes = newBoxes; // 更新最佳箱子数量
                for (int j = 0; j < NUM_ITEMS; j++) {
                    bestAssignment[j] = currentAssignment[j]; // 更新最佳分配
                }
            }
        } else {
            currentAssignment[item] = oldBox; // 撤销物品的分配
        }
        temp *= COOLING_RATE; // 降低温度
    }
}
```

图 7.3　装箱问题模拟退火算法实现的伪代码

7.4　禁忌搜索算法

7.4.1　算法概述

禁忌搜索的基本框架与其他局部搜索算法相似,即从一个初始解开始,不断地在其邻域中寻找新的解。但与其他方法不同的是,禁忌搜索维护了一个特殊的"禁忌列表"。这个列表记录了最近进行过的一些操作或访问过的解,使得这些操作或解在一段时间内变得"禁忌",即不被允许。这种策略可以防止算法在短时间内重复探索同一区域,从而增加搜索的多样性。

但是,有时为了达到更好的解,可能需要"破例"访问禁忌列表中的解。因此,禁忌搜索算法引入了"渴望准则"(Aspiration Criteria)来允许在特定情况下访问禁忌列表中的解。例如,如果一个禁忌解比当前已知的最优解更好,那么这个解可能会被接受。

禁忌搜索算法的另一个关键特点是其长期记忆策略。除了短期的禁忌列表,算法还可以维护其他的记忆结构,如频率表,记录了搜索过程中各个解被访问的频率。这些长期记忆策略可以帮助算法识别并加强对有希望区域的探索,同时减少对低效区域的访问。

7.4.2 算法步骤

禁忌搜索算法的基本步骤如下。

(1) 初始化。选择一个初始解作为当前解,初始化一个禁忌列表,用于存储最近的移动,防止算法在搜索过程中陷入循环。设置禁忌搜索的参数,如禁忌期限、最大迭代次数等。

(2) 评估初始解。计算初始解的目标函数值。

(3) 搜索邻域。对于当前解,找出其邻域中的所有可能解。邻域通常是通过某种"移动"或"变换"从当前解产生的解集合。

(4) 选择下一个解。从邻域中选择一个解作为下一个当前解,选择标准通常是目标函数值。即使新解的质量比当前解差,也可能被选择,以允许跳出局部最优。如果移动是禁忌的(在记录禁忌列表中),则通常不选择该移动,除非满足某些特定条件(如解的质量显著提高,称为"越权准则")。

(5) 更新禁忌列表。将刚刚执行的移动添加到禁忌列表中。如果禁忌列表的长度超过了预定的禁忌期限,从禁忌列表中删除最早添加进来的移动。这样一方面可以确保禁忌列表始终包含与当前搜索状态相关的移动记录,从而更有效地指导搜索过程;另一方面,通过删除最早添加进来的移动,使得算法可以重新考虑这些被禁忌的移动,从而增加找到全局最优解的可能性。

(6) 终止条件检查。检查是否达到了预定的最大迭代次数或其他终止条件。如果满足终止条件,则输出找到的最佳解;否则,返回步骤(3)。

(7) 输出结果。输出找到的最佳解及其目标函数值。

初始化的过程中,禁忌表的设计需要根据具体问题进行调整,其长度决定了禁忌动作的记忆范围,较短的禁忌表可以帮助算法更快地探索解空间,但可能导致算法陷入次优解;而较长的禁忌表可以保证算法的多样性和全局搜索能力,但会增加搜索过程的复杂性。

7.4.3 参数设置

搜索邻域时,解空间的搜索方向由禁忌搜索算法的禁忌策略来引导,决定在当前搜索迭代中是否执行某个动作。禁忌策略根据禁忌表和目标函数评估候选解的质量,并根据一定的规则选择合适的动作。常见的禁忌策略如下。

(1) 最佳候选解策略:根据目标函数评估候选解的质量,选择质量最优的动作执行。这种策略通常用于寻找最优解,但可能陷入局部最优解。

(2) 首次改善策略:选择首次改善目标函数值的动作执行。这种策略通常能够快速改善当前解,但可能导致搜索过程陷入局部最优解。

(3) 随机选择策略:在满足禁忌条件的前提下,随机选择一个动作执行。这种策略能够增加搜索的多样性,避免陷入局部最优解。

禁忌策略的选择应根据问题的特性和求解需求进行调整,合适的禁忌策略可以加速搜索过程并提高解的质量。在每一次迭代中,算法根据禁忌策略和目标函数评估生成的候选解,并根据禁忌表的规则选择执行的动作,然后更新禁忌表和当前解,继续下一次迭代。

搜索过程的终止条件可以是达到最大迭代次数、达到目标函数阈值或连续若干次搜索无法改善解等。合适的终止准则可以有效控制算法的运行时间,并得到满意的搜索结果。

除此之外,禁忌搜索算法还可以进一步优化,下面是优化禁忌搜索算法的几个关键步骤。

(1) 禁忌列表的大小:选择合适的禁忌列表大小是至关重要的。太小的列表可能会导致算法陷入局部最优解,而太大的列表可能会使搜索变得过于保守。可以通过交叉验证或实验来调整禁忌列表的大小,以找到问题特定的最佳值。

(2) 邻域结构:定义一个好的邻域结构可以帮助算法更有效地探索解空间。邻域结构应该足够大,以允许算法探索解空间的不同区域,但不应过大以至于搜索变得低效。实践过程中可以选择或设计一个能够捕捉问题特性的邻域结构。

(3) 解的多样性:为了避免过早地陷入局部最优解,算法应该能够探索解空间的不同区域。这可以通过使用多种邻域结构或引入随机性来实现,以增加解的多样性并防止过早收敛。

(4) 积极和消极禁忌:使用积极禁忌来强制避免某些移动,使用消极禁忌来允许在特定条件下覆盖禁忌。实践中应根据问题的特性来确定何时使用积极禁忌或消极禁忌。

(5) 使用长期记忆:长期记忆可以帮助算法记住搜索过程中的有用信息,并据此调整搜索策略,如可以使用频率记忆或强度记忆来记录搜索过程中的信息。

(6) 混合策略:将禁忌搜索与其他优化算法,如模拟退火或遗传算法结合使用,以利用不同算法的优势。

请注意,这些经验法则并不是一成不变的,它们可能需要根据具体问题和场景进行调整。在实践中,通常需要进行多次试验和调整以找到最佳的参数和策略。

7.4.4 案例讲解

禁忌搜索算法可以应用于各种组合优化问题,包括但不限于旅行商问题、车辆路径问题、作业调度问题、图着色问题、集合覆盖问题以及背包问题。

【例 7.5】 假设存在一幅无向图,如图 7.4 所示。该图满足以下结构:顶点 0 与顶点 1 和顶点 4 相连。顶点 1 与顶点 0、顶点 2 和顶点 4 相连。顶点 2 与顶点 1、顶点 3 和顶点 4 相连。顶点 3 与顶点 2 和顶点 4 相连。顶点 4 与顶点 0、顶点 1、顶点 2 和顶点 3 相连。目标是用最少的颜色给每个顶点着色,使得任意两个相邻的顶点颜色不同。

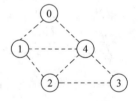

图 7.4 无向图

根据禁忌搜索算法的求解步骤,首先随机给每个顶点分配一个颜色作为初始解,并计算初始解的目标函数值,即使用的颜色数。在每次迭代中,选择一个顶点并更改其颜色,并计算新解使用的颜色数。如果新解比当前解好或满足越权准则,则接受新解;否则放弃新解。接着更新禁忌列表,记录改变的顶点及改变的颜色。检查终止条件。

算法分析:在保存该无向图的节点信息时,可以用字典的数据结构进行存储。设置最大迭代次数为 1000,禁忌表长度为 7。接着随机生成一个初始解,给每个顶点分配一个颜色。初始解可能为不可能解,如初始解为[3,1,2,4,3],表示顶点 0 和顶点 4 使用的是同样的颜色,由于顶点 0 和顶点 4 相邻而冲突。检查初始解的质量,实现代码如下:

```
//函数:检查当前的颜色方案是否有效
bool isFeasible(int colors[]) {
```

```
    for (int i = 0; i < NUM_VERTICES; i++) {
        for (int j = 0; j < NUM_VERTICES; j++) {
            //如果两个顶点相邻并且它们的颜色相同,则返回false
            if (graph[i][j] && colors[i] == colors[j]) {
                return false;
            }
        }
    }
    return true; //如果所有相邻的顶点都有不同的颜色,则返回true
}
```

接着生成当前解的邻域,对每个顶点轮流尝试不同的颜色来生成一组新的解。例如改变初始解顶点 0 的颜色,得到一个新的解[2,1,2,4,3]。新的解同样可能存在顶点颜色冲突的情况,在选择新的解时需要考虑冲突的数量,即算法将优先选择具有较少冲突的解,或者是相同冲突数量下选择使用颜色数最少的解。每次迭代都在当前解的邻域所生成的一组新的解中找到最优解,判断接受或拒绝新解。例如[2,1,2,4,3]作为新解没有颜色冲突,被接受为当前解。每接受一个解就记录在禁忌表中,若禁忌表已满,则删除最开始的记录。此时使用的颜色数量为 4,后续迭代过程中,如果出现没有颜色冲突,使用的颜色数量更少的解,会更新当前解。最后得到一个最优解为[3,2,1,3,1],使用了 3 种颜色,没有顶点颜色冲突。过程实现的伪代码见图 7.5。

```
int main() {
    初始化每个顶点的颜色、禁忌列表及已使用的颜色数组;
    为每个顶点随机分配一个颜色,标记颜色为已使用;
    // 当颜色方案不可行且迭代次数未达到最大值时
    while (!isFeasible(colors) && iterations < MAX_ITERATIONS) {
        for (int i = 0; i < NUM_VERTICES; i++) {   //对于每个顶点 i
            for (int j = 0; j < MAX_COLORS; j++) {
                //如果颜色 j 已被使用,且不等于顶点 i 的当前颜色,且不在禁忌列表中
                if (usedColors[j] && j != oldColor && tabuList[i][j] < iterations) {
                    colors[i] = j; // 分配颜色
                    if (isFeasible(colors)) { //如果新的颜色方案是可行的
                        更新最佳顶点和颜色;
                        break;
                    }
                }
            }
            若找不到顶点 i 更换颜色的方案,恢复原始颜色;
        }
        如果找到了更好的颜色方案
            更新禁忌列表,增加迭代次数;
    }
    return 0;
}
```

图 7.5 着色问题禁忌搜索算法的伪代码实现

【例 7.6】 广东珠江三角洲地区制造业发达,某企业的车间中有 3 台机器,同时有 5 个作业需要完成,分别表示为[0,1,2,3,4]。每个作业必须按照相同的顺序在机器上处理,每个作业在 3 台机器上的加工时间如表 7.2 所示。任务目标是找到作业的一个调度,以最小化所有作业的最终完成时间。

表 7.2 作业机器加工时间

作业编号	机器编号		
	机器 1	机器 2	机器 3
作业 1	5	8	4
作业 2	3	6	7
作业 3	4	5	6
作业 4	7	5	3
作业 5	6	4	5

算法分析:因为每个作业必须按照相同的顺序在机器上处理,因此只需确定作业的调度顺序即可。确定调度顺序后计算作业在每台机器上的完成时间,求得所有机器的最终完成时间。

首先生成一个随机初始解[3,4,0,1,2],表示第 4 个作业最先在 3 台机器上完成。接着完成第 5 个作业和第 1 个作业,再完成第 2 个作业和第 3 个作业。计算初始解的制造周期时间,作为目标函数值。例如[3,4,0,1,2]的制造周期时间为 45,实现的代码如下:

```
//遍历每个作业
  for (int i = 0; i < NUM_JOBS; i++) {
    int job = schedule[i];
    //遍历每台机器
    for (int j = 0; j< NUM_MACHINES; j++) {
      //如果是第一台机器,直接加上作业的加工时间
      if (j == 0) {
        machineTime[j] += processingTime[job][j];
      } else {
        //否则,选择前一台机器和当前机器中结束时间较晚的那台,再加上作业的加工时间
        machineTime[j] = (machineTime[j] > machineTime[j - 1] ? machineTime[j] : machineTime[j-1]) + processingTime[job][j];
      }
    }
  }
  //将机器的结束时间复制到 machineEndTime 数组中
  memcpy(machineEndTime, machineTime, sizeof(machineTime));
  //返回最后一台机器的结束时间
  return machineTime[NUM_MACHINES - 1];
}
```

迭代过程中,调度顺序中的每个作业都可以与任意其他作业的顺序进行对调,从而生成邻域的解。例如[3,4,0,1,2]中第 1 个作业顺序 3 可以和后面 4 个作业的顺序进行对调,共生成 4 个解,分别为[4,3,0,1,2]、[0,4,3,1,2]、[1,4,0,3,2]、[2,4,0,1,3]。计算新解的目

标函数值，判断是否接受新解，若接受则更新禁忌表。直到满足终止条件后停止迭代，输出结果。最终得到的作业调度顺序为[1,0,2,3,4]，3台机器的最终作业完成时间分别是25、31、36。过程实现的伪代码见图7.6。在伪代码中，每次迭代后恢复原始调度是非常关键的，原因如下。

```
int main() {
    初始化禁忌列表；
    while (iterations < MAX_ITERATIONS) { //当迭代次数小于最大迭代次数时
        for (int i = 0; i < NUM_JOBS - 1; i++) { //尝试所有可能的作业交换组合
            for (int j = i + 1; j < NUM_JOBS; j++) {
                如果当前交换组合不在禁忌列表中 {
                    交换两个作业的位置，计算新调度的制造周期时间；
                    如果新调度的制造周期时间更短 {
                        更新最佳调度时间和最佳调度方案；
                    }
                    恢复原始调度；
                }
            }
        }
        如果找到了更好的调度 {
            更新最佳调度时间；
        }
        否则 { 更新禁忌列表 }
        增加迭代次数；
    }
    输出最佳调度；
}
```

图7.6 作业调度问题禁忌搜索算法的伪代码

(1) 如果在一次迭代后不恢复原始调度，那么下一次迭代将会基于上一次迭代的修改后的调度进行。这可能导致算法快速地偏离初始解，并可能错过其他潜在的更优解。

(2) 避免陷入局部最优解。通过每次迭代后都恢复原始调度，算法可以更系统地探索解空间，而不是沿着第一个找到的改进路径一路深入。

7.5 小结

在现代计算领域，智能算法已经成为解决复杂优化问题的重要工具。本章深入探讨了三种著名的智能算法：粒子群优化算法、模拟退火算法和禁忌搜索算法。

粒子群优化算法模拟了鸟群或鱼群的社会行为来寻找最优解。每个粒子代表一个潜在的解决方案，它们在解空间中移动并通过相互之间的交流来更新自己的位置。这种群体协作的方式使得粒子群优化算法在许多优化问题中都能找到高质量的解。

模拟退火算法是受到固体退火过程启发的一种随机搜索方法。它允许算法在某些情况下接受一个较差的解,以避免陷入局部最优。通过逐渐降低"温度",算法逐渐趋于稳定,最终找到一个近似的全局最优解。这种灵活性使得模拟退火算法在各种复杂的优化问题中都有出色的应用。

禁忌搜索算法利用了一种特殊的记忆机制来避免重复搜索。算法维护一个禁忌列表,记录了最近搜索过的解,从而避免算法在短时间内重复探索同一区域。这种策略有助于算法从局部最优中逃脱,进一步探索解空间以找到更好的解。

总体来说,这三种智能算法都有其独特的优点和应用领域。选择哪种算法取决于具体的问题特性和需求。在实际应用中,有时结合多种算法或对算法进行改进,可能会获得更好的效果。

习题

1. 在粒子群优化算法中,以下(　　)参数决定了粒子向其个人最佳位置和全局最佳位置的吸引程度。

    A. 速度　　　　　B. 加速常数　　　C. 惯性权重　　　D. 位置

2. 在模拟退火算法中,随着迭代次数的增加,接受劣解的概率会(　　)。

    A. 增加　　　　　B. 减少　　　　　C. 保持不变　　　D. 先增加后减少

3. 在禁忌搜索中,禁忌列表的主要目的是(　　)。

    A. 存储所有可能的解

    B. 防止算法在搜索过程中重复相同的移动

    C. 存储最佳解

    D. 计算解的适应度

4. 粒子群优化算法的(　　)特点使其在某些问题上表现出色。(多选)

    A. 群体协作　　　　　　　　　　B. 高并行性

    C. 不需要梯度信息　　　　　　　D. 确定性搜索

5. 模拟退火算法的(　　)对算法的性能和结果有影响。(多选)

    A. 初始温度　　　　　　　　　　B. 冷却率

    C. 邻域函数的选择　　　　　　　D. 终止条件

6. 禁忌搜索算法的(　　)对其性能和结果有影响。(多选)

    A. 禁忌列表的大小　　　　　　　B. 解的邻域结构

    C. 禁忌期的长度　　　　　　　　D. 终止条件

7. 给定一幅有向图,包含 n 个节点和 m 条边。每条边都有一个权重。请设计一个算法,找到从节点 1 到节点 N 的最短路径。注意:图中可能存在环。

8. 一个旅行商计划访问 N 个城市,每个城市只访问一次,然后返回到起始城市。每两个城市之间的距离都是已知的。请设计一个算法,找到一条最短的路径,使得旅行商访问每个城市一次并返回起始城市。

9. 在一个工厂的制造车间中,有 m 台机器和 n 个作业。每个作业都需要按照特定的顺序在不同的机器上进行加工。每个作业在每台机器上的加工时间是已知的。目标是找到一个作业的调度,以最小化完成所有作业的总时间。请根据题目要求设计算法。

参 考 文 献

［1］ 陈峰.算法竞赛入门经典——算法实现[M].北京：清华大学出版社，2021.
［2］ 赵端阳，王超.算法设计与分析[M].北京：清华大学出版社，2021.
［3］ 罗勇军，郭卫斌.算法竞赛[M].北京：清华大学出版社，2022.
［4］ 王晓华.算法的乐趣[M].北京：人民邮电出版社，2020.
［5］ SEDGEWICK R，WAYNE K.算法[M].4 版.谢路云，译.北京：人民邮电出版社，2020.
［6］ 乔亚男.算法设计与问题求解[M].北京：高等教育出版社，2018.
［7］ TIAN X，YAN J，YANG Y，et al. Parameter identification of a nonlinear model using an improved version of simulated annealing [J]. International Journal of Distributed Sensor Networks，2019，15(2)：1-10.
［8］ TIAN X，YAN J，XIAO C. Parameter Identification of the Vortex-Induced Vertical Force Model Using a New Adaptive PSO [J]. Mathematical Problems in Engineering，2018，4：1-9.
［9］ TIAN X，YAN J，ZHOW Q. A novel method of parameter identification based on nonlinear empirical model for vortex-induced vibration[J]. Journal of Engineering research，2017，5(4)：44-58.

图书资源支持

感谢您一直以来对清华版图书的支持和爱护。为了配合本书的使用,本书提供配套的资源,有需求的读者请扫描下方的"书圈"微信公众号二维码,在图书专区下载,也可以拨打电话或发送电子邮件咨询。

如果您在使用本书的过程中遇到了什么问题,或者有相关图书出版计划,也请您发邮件告诉我们,以便我们更好地为您服务。

我们的联系方式:

清华大学出版社计算机与信息分社网站:https://www.shuimushuhui.com/

地　　址:北京市海淀区双清路学研大厦 A 座 714

邮　　编:100084

电　　话:010-83470236　010-83470237

客服邮箱:2301891038@qq.com

QQ:2301891038(请写明您的单位和姓名)

资源下载: 关注公众号"书圈"下载配套资源。

书 圈

清华计算机学堂

观看课程直播